Después de sufrir un atentado en contra de su ejemplar e intachable carrera profesional, el Ingeniero Israel Laisequilla nos ofrece en esta obra una guía detallada y claramente redactada que nos permite adentrarnos en el mundo de la industria, de la manera tan peculiar como solo el llamado "ingeniero más polémico" logra hacerlo.

INSTRUCCIONES

La información aquí presentada considera el acceso y/o disponibilidad de la información y tecnologías actuales. En caso de requerir más información, formatos y/o ejemplos, su consulta, podría aumentar su confiabilidad gracias a los criterios desarrollados con la obra. Cualquier información adicional, fórmulas y/o videos pueden ser requeridos con el asistente artificial de su preferencia.

La biblia de la Ingeniería Industrial

TALLER DEL INGE

I. LAISEQUILLA

Publishing house **IL** Editorial

Dedicado a todo aquél que tenga el valor de soñar y el coraje de hacer cumplir sus sueños.

CONTENIDO

AGRADECIMIENTOS

Quiero expresar mi gratitud a todas las personas que me han apoyado en la creación de este libro:

En primer lugar, quiero agradecer a mi familia por su amor y apoyo incondicional. Gracias por siempre estar ahí para mí y por entender mi pasión por la escritura.

También quiero dar las gracias a mis amigos y colegas por su apoyo y motivación. Sus comentarios y sugerencias fueron invaluables para la realización de este proyecto.

Agradezco especialmente a mi editor, quien me brindó una oportunidad única para compartir mis ideas con el mundo. Su guía y conocimientos han sido fundamentales para llevar este libro a su conclusión.

Finalmente, quiero agradecer a los lectores por su interés y dedicación. Espero que disfruten este libro tanto como yo lo hice al escribirlo.

Gracias de nuevo a todos.

Taller del inge

INTRODUCCIÓN A LA INGENIERÍA INDUSTRIAL

La ingeniería industrial es una disciplina que se enfoca en el diseño, mejora y gestión de sistemas y procesos para la producción de bienes y servicios. Esta disciplina se basa en los principios de la ingeniería, la ciencia y la gestión, y abarca una amplia gama de campos que incluyen la gestión de operaciones, la logística, la producción, la ergonomía, la seguridad laboral, la automatización y el control, entre otros.

El objetivo principal de la ingeniería industrial es optimizar los procesos y sistemas para mejorar la eficiencia, reducir los costos, aumentar la calidad y garantizar la seguridad y el bienestar de los trabajadores y consumidores. Para lograr estos objetivos, los ingenieros industriales utilizan herramientas y técnicas avanzadas de análisis, diseño y gestión, así como una amplia variedad de tecnologías y metodologías.

El papel de la ingeniería industrial en la sociedad es crucial, ya que permite la producción eficiente y efectiva de bienes y servicios, lo que a su vez contribuye al crecimiento económico y al bienestar general. La ingeniería industrial se utiliza en una amplia gama de sectores, incluyendo la manufactura, la energía, la salud, el transporte, las comunicaciones y los servicios financieros.

La evolución de la ingeniería industrial

La ingeniería industrial ha evolucionado a lo largo de los años, y su origen se remonta a la Revolución Industrial en el siglo XVIII. En aquel entonces, la industria manufacturera se encontraba en un período de crecimiento y expansión, y la necesidad de aumentar la eficiencia y la productividad era evidente. La invención de la máquina de vapor y otros avances tecnológicos permitieron la creación de fábricas y la producción en masa, lo que llevó a una mayor demanda de ingenieros y expertos en gestión.

Con el tiempo, la ingeniería industrial se ha expandido para abarcar una amplia gama de campos, desde la gestión de la producción hasta la logística y la gestión de la cadena de suministro. La disciplina también ha evolucionado para incluir una mayor atención a la sostenibilidad y la responsabilidad social, a medida que los problemas ambientales y sociales se han vuelto más prominentes en la sociedad.

Los fundamentos de la ingeniería industrial

Los ingenieros industriales utilizan una variedad de herramientas y técnicas para optimizar los procesos y sistemas. Algunas de estas herramientas incluyen la investigación de operaciones, la estadística, la simulación, la programación lineal, la optimización y la modelización de sistemas. Los ingenieros industriales también utilizan una variedad de técnicas de gestión, como la gestión de proyectos, la gestión de la calidad, la gestión del cambio y la gestión de la cadena de suministro.

El trabajo del ingeniero industrial implica una combinación de habilidades técnicas y de gestión, lo que significa que los ingenieros industriales deben tener una sólida formación en matemáticas, ciencias físicas y sociales, así como en gestión y liderazgo. Además, los ingenieros industriales deben ser capaces de trabajar en equipo, comunicarse de manera efectiva y tener un pensamiento crítico para abordar y resolver problemas complejos.

El campo de la ingeniería industrial también implica una comprensión profunda de la ergonomía y la seguridad laboral, ya que los ingenieros industriales trabajan en estrecha colaboración con los trabajadores en los procesos de producción y deben garantizar que los trabajadores estén seguros y cómodos mientras realizan sus tareas.

Otro aspecto importante de la ingeniería industrial es la automatización y el control, que se refiere a la implementación de sistemas y tecnologías para mejorar la eficiencia y la calidad en los procesos de producción. Los ingenieros industriales trabajan con robots, sistemas de control y tecnologías avanzadas para optimizar los procesos y reducir los costos.

Aplicaciones de la ingeniería industrial

La ingeniería industrial se utiliza en una amplia variedad de industrias y sectores. En la industria manufacturera, los ingenieros industriales trabajan en la producción en masa, la automatización, la robótica y la mejora de la calidad. En la industria de la salud, los ingenieros industriales pueden trabajar en el diseño y la implementación de sistemas de atención médica eficientes y efectivos. En la industria del transporte, los ingenieros industriales pueden trabajar en la gestión de la cadena de suministro y la logística para garantizar la entrega oportuna y eficiente de bienes y servicios.

En el sector de servicios financieros, los ingenieros industriales pueden trabajar en la gestión de procesos y sistemas para garantizar la eficiencia y la seguridad en las transacciones financieras. En el sector energético, los ingenieros industriales pueden trabajar en la mejora de la eficiencia energética y la implementación de tecnologías sostenibles.

Además, la ingeniería industrial también tiene aplicaciones en el sector público, donde los ingenieros industriales pueden trabajar en la mejora de la eficiencia y la calidad en los procesos gubernamentales y en la prestación de servicios públicos.

Desafíos y oportunidades en la ingeniería industrial

La ingeniería industrial se enfrenta a una serie de desafíos y oportunidades en la actualidad. Uno de los mayores desafíos es la necesidad de abordar los problemas ambientales y sociales, como la sostenibilidad y la responsabilidad social. Los ingenieros industriales deben encontrar formas de reducir el impacto ambiental de los procesos de producción y garantizar que las prácticas empresariales sean socialmente responsables.

Otro desafío importante es la necesidad de adaptarse a los avances tecnológicos y la digitalización de los procesos de producción. Los ingenieros industriales deben mantenerse actualizados sobre las últimas tecnologías y herramientas para garantizar que los procesos y sistemas sean eficientes y efectivos.

Además, la globalización y la competencia internacional han aumentado la necesidad de mejorar la eficiencia y la calidad en los procesos de producción. Los ingenieros industriales deben encontrar formas de competir en un mercado globalizado y garantizar que sus procesos sean eficientes y rentables.

A pesar de estos desafíos, la ingeniería industrial también ofrece muchas oportunidades emocionantes para aquellos que buscan una carrera en esta disciplina. La creciente demanda de ingenieros industriales significa que hay una amplia gama de oportunidades de empleo en una variedad de industrias y sectores. Además, la ingeniería industrial es una disciplina en constante evolución, lo que significa que hay muchas oportunidades para el crecimiento profesional y la innovación en el campo.

En resumen, la ingeniería industrial es una disciplina fascinante que combina una amplia gama de habilidades y conocimientos para mejorar la eficiencia y la calidad en los procesos de producción. Desde la gestión de la cadena de suministro hasta la mejora de la calidad, la automatización y la implementación de tecnologías avanzadas, los ingenieros industriales desempeñan un papel crítico en el éxito de una variedad de industrias y sectores. Con una creciente demanda de profesionales en este campo, la ingeniería industrial ofrece una emocionante variedad de oportunidades de empleo y crecimiento profesional.

FUNDAMENTOS DE LA GESTIÓN DE OPERACIONES

La gestión de operaciones es una disciplina clave en la ingeniería industrial, ya que se enfoca en la planificación, coordinación y control de los procesos productivos y de servicios. En este capítulo, exploraremos los fundamentos de la gestión de operaciones y cómo se aplican en la práctica.

Conceptos básicos de la gestión de operaciones

La gestión de operaciones se centra en la eficiencia y eficacia de los procesos productivos y de servicios. Su objetivo es optimizar el uso de los recursos, mejorar la calidad del producto o servicio y aumentar la satisfacción del cliente. Para lograr esto, se utilizan herramientas y técnicas específicas, como la planificación de la producción, la gestión de inventarios, la programación de la producción, la gestión de la calidad y la gestión de la cadena de suministro.

Planificación de la producción

La planificación de la producción es un proceso clave en la gestión de operaciones. Implica la definición de los objetivos de producción, la determinación de los recursos necesarios y la programación de las actividades necesarias para producir el producto o servicio. La planificación de la producción se puede dividir en tres niveles: planificación a largo plazo, planificación a medio plazo y planificación a corto plazo.

En la planificación a largo plazo, se establecen los objetivos de producción a largo plazo, se determinan los recursos necesarios y se definen los planes de inversión. En la planificación a medio plazo, se definen los planes de producción a mediano plazo, se programan las actividades necesarias para cumplir los objetivos a largo plazo y se determina la capacidad requerida. En la planificación a corto plazo, se definen los planes de producción a corto plazo, se programan las actividades necesarias para cumplir los objetivos a medio plazo y se determina la capacidad requerida.

Gestión de inventarios

La gestión de inventarios se refiere al control y monitoreo de la cantidad y valor de los productos o materiales almacenados en un almacén o bodega. Esta gestión es importante para garantizar la disponibilidad de los productos y materiales necesarios para la producción, pero también para evitar la acumulación de inventarios excesivos que puedan generar costos innecesarios. Para la gestión de inventarios, se utilizan técnicas específicas, como el punto de reorden, el inventario de seguridad y el análisis ABC.

Programación de la producción

La programación de la producción es un proceso que implica la asignación de recursos y la programación de las actividades necesarias para producir el producto o servicio. En la programación de la producción, se utilizan técnicas específicas, como el diagrama de Gantt, el método PERT y la programación lineal. Estas técnicas permiten programar las actividades de producción de manera efectiva y eficiente.

Gestión de la calidad

La gestión de la calidad se refiere al conjunto de actividades que se realizan para garantizar que un producto o servicio cumpla con los requisitos y expectativas del cliente. Esta gestión es importante para garantizar la satisfacción del cliente y para evitar costos innecesarios asociados con la insatisfacción del cliente. Para la gestión de la calidad, se utilizan técnicas específicas, como el control de calidad estadístico, el muestreo de aceptación y el análisis de causa y efecto.

Gestión de la cadena de suministro

La gestión de la cadena de suministro se refiere a la coordinación y gestión de los procesos que se realizan desde la obtención de los materiales y componentes necesarios para la producción, hasta la entrega del producto o servicio al cliente final. Esta gestión es importante para garantizar la disponibilidad de los materiales y componentes necesarios, así como para garantizar la entrega puntual y eficiente del producto o servicio. Para la gestión de la cadena de suministro, se utilizan técnicas específicas, como la planificación de la demanda, la gestión de proveedores y la gestión de almacenes.

Herramientas y técnicas de la gestión de operaciones

Además de los conceptos básicos de la gestión de operaciones, existen varias herramientas y técnicas que se utilizan para mejorar la eficiencia y eficacia de los procesos productivos y de servicios.

Lean manufacturing

El lean manufacturing es una metodología que se enfoca en la eliminación de desperdicios en los procesos productivos. Se basa en cinco principios: identificar el valor, mapear el flujo de valor, crear flujo continuo, establecer un sistema pull y buscar la perfección. Al implementar la metodología lean manufacturing, las empresas pueden mejorar la eficiencia y reducir costos.

Seis Sigma

El Seis Sigma es una metodología que se enfoca en la reducción de la variabilidad en los procesos productivos. Se basa en la medición, análisis y mejora de los procesos para lograr una reducción significativa de defectos. Al implementar la metodología Seis Sigma, las empresas pueden mejorar la calidad de sus productos o servicios y reducir costos.

Teoría de restricciones

La teoría de restricciones es una metodología que se enfoca en la identificación y eliminación de las limitaciones en los procesos productivos. Se basa en la identificación de la restricción más crítica y la implementación de medidas para eliminarla o reducirla. Al implementar la teoría de restricciones, las empresas pueden mejorar la eficiencia de sus procesos y reducir los tiempos de producción.

Justo a tiempo

El justo a tiempo es una metodología que se enfoca en la eliminación del inventario innecesario. Se basa en la producción y entrega de los productos o materiales justo en el momento en que son necesarios. Al implementar el justo a tiempo, las empresas pueden reducir los costos asociados con la gestión de inventarios y mejorar la eficiencia de sus procesos.

Conclusiones

En resumen, la gestión de operaciones es una disciplina clave en la ingeniería industrial, ya que se enfoca en la planificación, coordinación y control de los procesos productivos y de servicios. La gestión de operaciones implica la planificación de la producción, la gestión de inventarios, la programación de la producción, la gestión de la calidad y la gestión de la cadena de suministro. Además, existen herramientas y técnicas específicas, como el lean manufacturing, el Seis Sigma, la teoría de restricciones y el justo a tiempo, que se utilizan para mejorar la eficiencia y eficacia de los procesos productivos y de servicios.

DISEÑO DE SISTEMAS Y PROCESOS INDUSTRIALES

El diseño de sistemas y procesos industriales es una parte fundamental de la ingeniería industrial. El diseño adecuado de sistemas y procesos puede mejorar la eficiencia, la productividad, la calidad y la seguridad en los entornos industriales. En este capítulo, exploraremos los fundamentos del diseño de sistemas y procesos industriales, así como algunas de las herramientas y técnicas utilizadas en este proceso.

Diseño de sistemas

El diseño de sistemas implica la creación de un conjunto de componentes y subsistemas interconectados que trabajan juntos para lograr un objetivo específico. El diseño de sistemas puede ser aplicado a una amplia variedad de aplicaciones industriales, incluyendo la fabricación, el transporte, la energía, la salud y la seguridad.

En el diseño de sistemas, es importante tener en cuenta las necesidades y expectativas del usuario final, así como las restricciones técnicas y económicas. Además, el diseño de sistemas debe ser capaz de soportar cambios y adaptaciones futuras.

El proceso de diseño de sistemas implica varias etapas, que pueden incluir la definición de requisitos, la identificación de alternativas de diseño, la evaluación de las alternativas, la selección del diseño preferido y la implementación y validación del diseño.

Diseño de procesos

El diseño de procesos implica la creación de un conjunto de actividades interconectadas que convierten materias primas y energía en productos o servicios. El diseño adecuado de procesos puede mejorar la eficiencia, la calidad, la seguridad y la sostenibilidad en los entornos industriales.

En el diseño de procesos, es importante tener en cuenta las necesidades y expectativas del cliente, así como las restricciones técnicas y económicas. Además, el diseño de procesos debe ser capaz de soportar cambios y adaptaciones futuras.

El proceso de diseño de procesos implica varias etapas, que pueden incluir la definición de requisitos, la identificación de alternativas de diseño, la evaluación de las alternativas, la selección del diseño preferido y la implementación y validación del diseño.

Herramientas y técnicas de diseño de sistemas y procesos

Existen varias herramientas y técnicas que pueden ser utilizadas en el diseño de sistemas y procesos industriales. Algunas de las herramientas y técnicas más comunes incluyen:

Diagramas de flujo: los diagramas de flujo son herramientas utilizadas para visualizar y analizar los procesos. Los diagramas de flujo pueden ayudar a identificar áreas problemáticas en los procesos y diseñar soluciones para mejorar la eficiencia y efectividad de los procesos.

Análisis de riesgos: el análisis de riesgos es una técnica utilizada para identificar y evaluar los riesgos asociados con los sistemas y procesos. El análisis de riesgos puede ayudar a las empresas a diseñar soluciones para mitigar los riesgos y mejorar la seguridad de los sistemas y procesos.

Simulación: la simulación es una técnica utilizada para modelar y analizar los sistemas y procesos. La simulación puede ayudar a las empresas a identificar áreas problemáticas en los sistemas y procesos y diseñar soluciones para mejorar la eficiencia y efectividad de los sistemas y procesos.

Diseño para manufacturabilidad: el diseño para manufacturabilidad es una técnica utilizada para Diseño de sistemas y procesos industriales. En la industria, el diseño de sistemas y procesos es una de las tareas más importantes para asegurar la calidad y eficiencia de la producción. En este capítulo, se explorará la importancia del diseño de sistemas y procesos en la ingeniería industrial, así como los principios clave que los ingenieros deben tener en cuenta al diseñar sistemas y procesos efectivos.

Introducción al diseño de sistemas y procesos

El diseño de sistemas y procesos industriales es un proceso clave que involucra la creación y desarrollo de sistemas y procesos efectivos para la producción y la manufactura de productos. En términos generales, el diseño de sistemas y procesos industriales implica una amplia gama de actividades, desde la planificación y diseño inicial de sistemas y procesos hasta la implementación y optimización de sistemas y procesos existentes.

En la ingeniería industrial, el diseño de sistemas y procesos es una tarea crítica para garantizar la calidad, la eficiencia y la rentabilidad de la producción. Los ingenieros industriales se dedican a crear sistemas y procesos optimizados para maximizar la productividad, minimizar los costos y garantizar la calidad del producto. Al diseñar sistemas y procesos efectivos, los ingenieros industriales pueden mejorar la competitividad y la rentabilidad de la empresa.

Principios clave del diseño de sistemas y procesos industriales

El diseño de sistemas y procesos industriales implica una amplia gama de actividades, pero hay algunos principios clave que los ingenieros industriales deben tener en cuenta al diseñar sistemas y procesos efectivos. Estos principios incluyen:

Definir los objetivos y requisitos del sistema o proceso: Antes de comenzar el diseño de un sistema o proceso, es importante definir claramente los objetivos y requisitos del mismo. Los ingenieros industriales deben tener en cuenta los objetivos de la empresa, las necesidades de los clientes y las limitaciones de recursos al diseñar un sistema o proceso.

Identificar los procesos clave: El diseño efectivo de un sistema o proceso requiere la identificación y el análisis de los procesos clave involucrados. Los ingenieros industriales deben comprender cómo se realizan los procesos y cómo se relacionan entre sí para diseñar sistemas y procesos efectivos.

Diseñar para la calidad: La calidad del producto es un objetivo crítico en el diseño de sistemas y procesos industriales. Los ingenieros industriales deben diseñar sistemas y procesos que minimicen la variabilidad y maximicen la calidad del producto.

Diseñar para la eficiencia: La eficiencia es otro objetivo importante en el diseño de sistemas y procesos industriales. Los ingenieros industriales deben diseñar sistemas y procesos que minimicen el desperdicio de materiales, energía y tiempo.

Diseñar para la flexibilidad: Los sistemas y procesos industriales deben ser diseñados para ser flexibles y adaptables a los cambios en las necesidades del cliente o en la producción. Los ingenieros industriales deben anticipar posibles cambios y diseñar sistemas y procesos que puedan adaptarse a ellos.

Evaluar y mejorar continuamente: El diseño de sistemas y procesos industriales es un proceso continuo que requiere evaluación y mejora constante. Los ingenieros industriales deben analizar regularmente los sistemas y procesos existentes para identificar oportunidades de mejora Además del análisis de flujo de proceso, otra herramienta que se utiliza en el diseño de sistemas y procesos industriales es la simulación. La simulación permite a los ingenieros industriales crear un modelo matemático de un sistema o proceso y usarlo para predecir su comportamiento bajo diferentes condiciones. Esto es especialmente útil cuando se trata de sistemas o procesos complejos, ya que puede ser difícil predecir cómo funcionarán en la vida real.

La simulación se realiza a menudo mediante el uso de software especializado que puede modelar sistemas y procesos complejos. Estos modelos pueden ser muy detallados e incluir múltiples variables y factores. Los ingenieros industriales pueden usar la simulación para probar diferentes escenarios y ver cómo afectan el rendimiento del sistema o proceso. También pueden utilizar la simulación para identificar cuellos de botella y otros problemas de rendimiento que podrían no ser evidentes de otra manera.

El diseño de sistemas y procesos también implica la selección de equipos y tecnologías adecuados. Los ingenieros industriales deben entender las capacidades y limitaciones de diferentes tipos de equipos y tecnologías para poder seleccionar el más adecuado para cada tarea. Esto puede incluir la selección de maquinaria, herramientas, materiales y otros recursos.

Una vez que se ha seleccionado el equipo y la tecnología adecuados, los ingenieros industriales pueden comenzar a diseñar los procesos de producción. Esto incluye la creación de diagramas de flujo detallados que muestran el movimiento de los materiales y los trabajadores a través del proceso. Estos diagramas de flujo también pueden ayudar a los ingenieros industriales a identificar áreas donde se pueden mejorar la eficiencia y reducir los costos.

Además de la planificación y el diseño, el proceso de diseño de sistemas y procesos también incluye la implementación y puesta en marcha. Durante esta fase, los ingenieros industriales trabajan con los trabajadores y los gerentes de la planta para implementar los nuevos sistemas y procesos. También pueden proporcionar capacitación y soporte para asegurarse de que todos los empleados comprendan el nuevo sistema o proceso y se sientan cómodos usándolo.

Finalmente, los ingenieros industriales deben monitorear y medir el rendimiento del nuevo sistema o proceso para asegurarse de que está funcionando según lo previsto. Esto implica la medición y el análisis de métricas clave como el rendimiento, la eficiencia y los costos. Los ingenieros industriales también pueden utilizar la retroalimentación de los empleados y los gerentes para identificar áreas donde se pueden realizar mejoras adicionales.

En resumen, el diseño de sistemas y procesos industriales es un aspecto fundamental de la ingeniería industrial. Implica la planificación, el diseño, la implementación y la medición del rendimiento de los sistemas y procesos utilizados en la producción industrial. Los ingenieros industriales utilizan una variedad de herramientas y técnicas, incluyendo el análisis de flujo de proceso, la simulación y la selección de equipos y tecnologías, para crear sistemas y procesos eficientes y rentables que ayuden a las empresas a lograr sus objetivos de producción.

CONTROL DE CALIDAD Y MEJORA CONTINUA

El control de calidad y la mejora continua son dos conceptos críticos en cualquier organización que busca mejorar sus procesos y ofrecer productos o servicios de alta calidad a sus clientes. El control de calidad es un proceso que busca garantizar que los productos o servicios cumplen con los requisitos y especificaciones del cliente y que se entregan de manera consistente. La mejora continua, por otro lado, es un proceso que busca mejorar continuamente los procesos y productos de la organización a lo largo del tiempo. En este capítulo, exploraremos los conceptos de control de calidad y mejora continua en profundidad, analizando sus componentes clave y su impacto en la organización.

Control de Calidad

El control de calidad es un proceso que se enfoca en garantizar que los productos o servicios que se ofrecen cumplan con los requisitos y especificaciones del cliente. Este proceso se basa en la identificación de problemas o desviaciones en los procesos y productos, la implementación de medidas para corregir estos problemas y la medición de la eficacia de estas medidas. El control de calidad se enfoca en garantizar que los productos o servicios cumplan con las especificaciones de calidad establecidas por la organización, la industria o los clientes.

El control de calidad se divide en dos tipos principales: el control de calidad interno y el control de calidad externo. El control de calidad interno se enfoca en garantizar que los productos o servicios cumplan con los requisitos y especificaciones internos de la organización. El control de calidad externo, por otro lado, se enfoca en garantizar que los productos o servicios cumplan con los requisitos y especificaciones de los clientes o las regulaciones externas.

Componentes del Control de Calidad

Existen varios componentes clave en el control de calidad. Estos incluyen la planificación, el control de procesos, la evaluación de la calidad, la mejora continua y el enfoque en el cliente.

Planificación

La planificación es un componente clave del control de calidad. En este proceso, se establecen los objetivos de calidad, se identifican los procesos y productos críticos, se establecen las especificaciones de calidad y se desarrollan los planes de control de calidad. La planificación también incluye la identificación de los riesgos y la implementación de medidas para mitigarlos.

Control de Procesos

El control de procesos es un componente clave del control de calidad. Este proceso se enfoca en garantizar que los procesos de la organización estén funcionando de manera óptima y cumplan con los requisitos y especificaciones de calidad establecidos. El control de procesos incluye la identificación de los puntos críticos del proceso, la implementación de medidas para controlar estos puntos y la medición de la eficacia de estas medidas.

Evaluación de la Calidad

La evaluación de la calidad es otro componente clave del control de calidad. Este proceso se enfoca en medir la calidad de los productos o servicios que se ofrecen. La evaluación de la calidad incluye la medición de la conformidad del producto o servicio con las especificaciones de calidad establecidas, la identificación de problemas o desviaciones y la implementación de medidas para corregir estos problemas.

Mejora Continua

La mejora continua es un componente clave del control de calidad. Este proceso se enfoca en identificar áreas de mejora en los procesos y productos de la organización y en implementar medidas para mejorar continuamente estos procesos y productos. La mejora continua se basa en el ciclo de mejora continua de Deming, que consta de cuatro pasos: planificar, hacer, verificar y actuar. En el primer paso, se planifican las mejoras a implementar, en el segundo paso, se implementan las mejoras planificadas, en el tercer paso se verifica la eficacia de las mejoras implementadas y en el cuarto paso se actúa en función de los resultados obtenidos, para continuar mejorando el proceso.

Enfoque en el Cliente

El enfoque en el cliente es otro componente clave del control de calidad. Este proceso se enfoca en entender las necesidades y expectativas del cliente y en garantizar que los productos o servicios ofrecidos cumplan con estas necesidades y expectativas. El enfoque en el cliente incluye la retroalimentación del cliente y la implementación de medidas para mejorar la satisfacción del cliente.

Herramientas del Control de Calidad

Existen varias herramientas del control de calidad que se utilizan para mejorar los procesos y garantizar la calidad de los productos o servicios. Algunas de las herramientas más comunes incluyen:

Diagrama de Pareto: es una herramienta utilizada para identificar los problemas críticos en un proceso y priorizarlos en función de su impacto en la calidad del producto o servicio.

Diagrama de Ishikawa: también conocido como diagrama de espina de pescado, es una herramienta utilizada para identificar las causas de un problema y entender cómo estas causas están relacionadas.

Gráficos de control: son herramientas utilizadas para monitorear la calidad de un proceso a lo largo del tiempo y detectar desviaciones que puedan indicar problemas en el proceso.

Muestreo estadístico: es una herramienta utilizada para medir la calidad de un proceso a través de la recolección y análisis de una muestra de productos o servicios.

Mejora Continua

La mejora continua es un proceso crítico para cualquier organización que busca garantizar la calidad de sus productos o servicios y mejorar continuamente sus procesos. La mejora continua se enfoca en identificar áreas de mejora y en implementar medidas para mejorar continuamente los procesos y productos de la organización.

El ciclo de mejora continua de Deming es una herramienta utilizada para implementar la mejora continua en una organización. Este ciclo consta de cuatro pasos: planificar, hacer, verificar y actuar.

Planificar: en este paso, se identifican las áreas de mejora y se desarrollan planes para implementar mejoras en estas áreas.

Hacer: en este paso, se implementan las mejoras planificadas.

Verificar: en este paso, se verifica la eficacia de las mejoras implementadas a través de la medición y análisis de los resultados.

Actuar: en este paso, se actúa en función de los resultados obtenidos y se continúa mejorando el proceso.

La mejora continua es un proceso que requiere la participación y compromiso de todos los miembros de la organización. Es importante establecer una cultura de mejora continua en la organización y fomentar la participación de todos los miembros en la identificación de áreas de mejora y en la implementación de mejoras.

Beneficios del Control de Calidad y la Mejora Continua

El control de calidad y la mejora continua tienen muchos beneficios para una organización. Algunos de estos beneficios incluyen:

Mejora de la calidad de los productos o servicios ofrecidos.

Reducción de los costos asociados con la producción y la entrega de productos o servicios.

Mejora de la eficiencia y eficacia de los procesos.

Mejora de la satisfacción del cliente.

Aumento de la lealtad y retención de clientes.

Reducción de la tasa de devolución de productos o cancelaciones de servicios.

Mejora de la reputación de la organización.

Aumento de la competitividad de la organización.

Mejora del ambiente laboral al involucrar a los empleados en el proceso de mejora continua.

En general, el control de calidad y la mejora continua son fundamentales para el éxito a largo plazo de una organización. Al implementar estos procesos, una organización puede garantizar que sus productos o servicios cumplan con las expectativas de sus clientes y mejorar continuamente sus procesos para seguir siendo competitivos en un mercado en constante cambio.

Ejemplo de Aplicación del Control de Calidad y la Mejora Continua

Para ilustrar cómo el control de calidad y la mejora continua se aplican en la práctica, se puede utilizar el ejemplo de una empresa de fabricación de automóviles.

Planificación: en esta fase, se identifican las áreas de mejora para el proceso de fabricación de automóviles. En este caso, se puede identificar el proceso de pintura como una posible área de mejora, ya que se han identificado algunas inconsistencias en el color y la calidad de la pintura en algunos de los vehículos fabricados.

Hacer: en esta fase, se implementan las mejoras planificadas para el proceso de pintura. Se pueden implementar mejoras en el proceso de mezclado y aplicación de la pintura para garantizar que se aplique uniformemente y se ajuste al color y la calidad requeridos.

Verificación: en esta fase, se verifica la eficacia de las mejoras implementadas a través de la medición y análisis de los resultados. En este caso, se puede medir la calidad de la pintura aplicada a los vehículos fabricados y compararla con los resultados anteriores para determinar si las mejoras han tenido un impacto positivo.

Actuar: en esta fase, se actúa en función de los resultados obtenidos y se continúa mejorando el proceso. Si los resultados son positivos, se pueden implementar las mejoras en el proceso de pintura en todos los vehículos fabricados en el futuro. Si los resultados no son satisfactorios, se pueden identificar otras áreas de mejora y comenzar el proceso de mejora continua nuevamente.

Conclusiones

En conclusión, el control de calidad y la mejora continua son procesos críticos para cualquier organización que busque garantizar la calidad de sus productos o servicios y mejorar continuamente sus procesos. Estos procesos pueden ayudar a reducir los costos, aumentar la eficiencia y la eficacia, mejorar la satisfacción del cliente y aumentar la competitividad de la organización.

El enfoque en el cliente es fundamental para el éxito del control de calidad y la mejora continua, ya que permite a las organizaciones comprender las necesidades y expectativas del cliente y garantizar que sus productos o servicios cumplan con estas necesidades y expectativas.

Las herramientas del control de calidad son valiosas para identificar áreas de mejora y garantizar la calidad de los productos o servicios. Sin embargo, es importante recordar que estas herramientas deben ser utilizadas en conjunto con un enfoque holístico de mejora continua para lograr resultados óptimos.

En resumen, el control de calidad y la mejora continua son procesos dinámicos y continuos que requieren la participación y compromiso de todos los miembros de la organización. Al implementar estos procesos de manera efectiva, una organización puede garantizar la calidad de sus productos o servicios, satisfacer las necesidades y expectativas del cliente y mantenerse competitiva en un mercado en constante cambio.

MÉTODOS DE ANÁLISIS Y OPTIMIZACIÓN

El capítulo de Métodos de análisis y optimización es uno de los pilares fundamentales en la toma de decisiones y la resolución de problemas en una amplia variedad de campos. En este capítulo, se exploran técnicas y herramientas para analizar y optimizar sistemas, procesos, proyectos, entre otros. En esta ocasión, abordaremos los principales conceptos y técnicas utilizadas en la optimización y análisis de sistemas y procesos, además de algunos ejemplos prácticos de aplicación.

Conceptos fundamentales

Antes de adentrarnos en las técnicas y herramientas para analizar y optimizar sistemas y procesos, es importante definir algunos conceptos fundamentales. En primer lugar, la optimización se refiere al proceso de buscar la mejor solución posible dentro de un conjunto de opciones posibles. En segundo lugar, el análisis se refiere al proceso de entender cómo funciona un sistema o proceso, identificar sus fortalezas y debilidades y detectar oportunidades de mejora.

Otro concepto fundamental en la optimización y análisis de sistemas y procesos es el de función objetivo. La función objetivo es una medida cuantitativa de lo que se desea optimizar o maximizar. Por ejemplo, en un proceso de producción, la función objetivo puede ser maximizar la producción y minimizar los costos. En un sistema de transporte, la función objetivo puede ser minimizar el tiempo de viaje o maximizar la eficiencia del combustible.

Métodos de optimización

Existen numerosos métodos y técnicas para optimizar sistemas y procesos, cada uno con sus propias ventajas y desventajas. A continuación, se presentan algunos de los métodos más comunes.

Método de prueba y error

El método de prueba y error es uno de los métodos más simples para optimizar un sistema o proceso. En este método, se prueban diferentes configuraciones o ajustes hasta encontrar la mejor solución. Aunque es un método intuitivo y fácil de implementar, puede ser ineficiente y llevar mucho tiempo.

Método de gradiente descendente

El método de gradiente descendente es un método iterativo para encontrar el mínimo de una función objetivo. En este método, se parte de un punto aleatorio y se calcula la dirección y magnitud del gradiente de la función objetivo. Luego, se mueve en la dirección opuesta al gradiente, en la que la función objetivo disminuye. Este proceso se repite hasta que se alcanza un mínimo local.

Método de búsqueda aleatoria

El método de búsqueda aleatoria consiste en generar aleatoriamente una solución y evaluar su valor de función objetivo. Luego, se generan nuevas soluciones aleatorias y se evalúan, y se repite el proceso hasta encontrar la mejor solución posible. Aunque este método es simple y fácil de implementar, puede ser muy ineficiente y requerir muchas evaluaciones de la función objetivo.

Método de programación lineal

La programación lineal es un método matemático para optimizar una función objetivo lineal sujeta a restricciones lineales. En este método, se definen variables de decisión y se establecen restricciones sobre ellas. Luego, se busca la solución óptima que maximiza o minimiza la función objetivo sujeta a las restricciones. La programación lineal es un método poderoso y eficiente para resolver problemas de optimización lineal.

Método de programación entera

La programación entera es una extensión de la programación lineal, en la que las variables de decisión se restringen a valores enteros. Esto hace que el problema sea más complejo y difícil de resolver, pero permite modelar una amplia variedad de problemas reales, como la asignación de recursos y la programación de producción.

Método de simulación

El método de simulación consiste en crear un modelo matemático del sistema o proceso que se desea optimizar, y luego simular su comportamiento para evaluar diferentes escenarios y configuraciones. Este método permite analizar el impacto de diferentes decisiones en el sistema o proceso, sin tener que realizar experimentos en el mundo real. La simulación es una herramienta poderosa para el análisis y optimización de sistemas y procesos complejos.

Método de análisis de sensibilidad

El método de análisis de sensibilidad se utiliza para evaluar cómo cambia la función objetivo cuando cambian los parámetros del modelo. Por ejemplo, si la función objetivo es la producción de una fábrica, los parámetros pueden ser los costos de los materiales, los tiempos de procesamiento, etc. El análisis de sensibilidad permite identificar qué parámetros tienen un impacto significativo en la función objetivo, y cuáles son menos importantes.

Ejemplo práctico

Para ilustrar el uso de algunos de estos métodos de optimización y análisis, consideremos el siguiente ejemplo. Una empresa de transporte desea optimizar su flota de camiones para minimizar los costos de combustible y maximizar la eficiencia del transporte. La empresa tiene una flota de camiones de diferentes tamaños y capacidades, y necesita decidir qué camiones asignar a qué rutas para minimizar los costos.

Para resolver este problema, podemos utilizar un modelo de programación lineal para asignar los camiones a las rutas de manera óptima. El modelo puede incluir variables de decisión para la asignación de camiones a rutas, así como restricciones sobre la capacidad de los camiones y la demanda de cada ruta. La función objetivo puede ser una combinación de los costos de combustible y la eficiencia del transporte, ponderados por la importancia relativa de cada uno.

Una vez que se ha construido el modelo, se puede utilizar un software de programación lineal para encontrar la solución óptima. Luego, se pueden realizar análisis de sensibilidad para evaluar cómo cambia la solución óptima cuando cambian los parámetros del modelo, como los precios del combustible o la demanda de cada ruta.

Otro enfoque para optimizar la flota de camiones es utilizar el método de simulación. En este enfoque, se construye un modelo matemático del sistema de transporte y se simula su comportamiento para evaluar diferentes escenarios y configuraciones. Por ejemplo, se puede simular el impacto de cambiar la asignación de camiones a rutas, o el impacto de agregar nuevos camiones a la flota.

Conclusiones

El capítulo de Métodos de análisis y optimización es esencial para la resolución de problemas y la toma de decisiones en una amplia variedad de campos. En este capítulo, hemos revisado los conceptos fundamentales de la optimización y el análisis, así como los métodos más comunes utilizados en la práctica. Además, hemos presentado un ejemplo práctico de aplicación de estos métodos en el contexto de la optimización de una flota de camiones.

Es importante destacar que, aunque existen diferentes métodos de análisis y optimización, es crucial seleccionar el método adecuado para cada problema específico. Por ejemplo, la programación lineal es adecuada para problemas que pueden ser modelados como ecuaciones lineales, mientras que la programación entera es necesaria cuando las variables de decisión deben restringirse a valores enteros. Del mismo modo, el método de simulación es adecuado para sistemas y procesos complejos que no pueden ser modelados fácilmente mediante ecuaciones matemáticas.

Además, es importante recordar que los modelos matemáticos utilizados en la optimización y el análisis son simplificaciones de la realidad, y siempre existirán limitaciones y suposiciones en el modelo. Por lo tanto, es importante validar los resultados obtenidos a través de la simulación o el análisis de sensibilidad mediante la comparación con datos del mundo real.

En resumen, el capítulo de Métodos de análisis y optimización es fundamental para la resolución de problemas y la toma de decisiones en una amplia variedad de campos. Los métodos presentados en este capítulo, como la programación lineal, la programación entera, el método de simulación y el análisis de sensibilidad, son herramientas poderosas para el análisis y la optimización de sistemas y procesos complejos. Sin embargo, es importante seleccionar el método adecuado para cada problema específico, validar los resultados y tener en cuenta las limitaciones y suposiciones en el modelo utilizado.

MODELOS DE SIMULACIÓN Y TOMA DE DECISIONES

La simulación es una herramienta ampliamente utilizada en la toma de decisiones en diferentes campos, desde la ingeniería hasta las finanzas y la salud. Permite modelar sistemas complejos y predecir su comportamiento en diferentes situaciones. La toma de decisiones basada en la simulación implica el uso de modelos matemáticos para simular diferentes escenarios y evaluar el impacto de cada uno de ellos. En este capítulo, se discutirán los modelos de simulación y su aplicación en la toma de decisiones.

Tipos de modelos de simulación

Existen varios tipos de modelos de simulación que se utilizan en diferentes campos. Algunos de los tipos más comunes son los siguientes:

Modelos de eventos discretos: Este tipo de modelo se utiliza para simular sistemas en los que los eventos ocurren en momentos específicos y discretos. Los ejemplos incluyen colas en supermercados o aeropuertos, procesos de producción y sistemas de transporte.

Modelos de sistemas dinámicos: Este tipo de modelo se utiliza para simular sistemas en los que las variables cambian continuamente con el tiempo. Los ejemplos incluyen sistemas climáticos, sistemas económicos y sistemas biológicos.

Modelos de simulación basados en agentes: Este tipo de modelo se utiliza para simular sistemas en los que los agentes individuales tienen comportamientos autónomos y pueden interactuar entre sí. Los ejemplos incluyen simulaciones de tráfico, simulaciones de mercado y simulaciones de comportamiento animal.

Cada tipo de modelo tiene sus propias ventajas y desventajas, y la elección del tipo de modelo depende del sistema que se esté simulando y de los objetivos de la simulación.

Etapas de la simulación

El proceso de simulación consta de varias etapas, que incluyen la formulación del problema, la construcción del modelo, la validación del modelo, la ejecución de la simulación y el análisis de los resultados.

Formulación del problema: En esta etapa, se define el problema que se va a simular y se establecen los objetivos de la simulación. También se identifican las variables que influyen en el sistema y se definen los parámetros del modelo.

Construcción del modelo: En esta etapa, se construye el modelo matemático que representa el sistema a simular. Se selecciona el tipo de modelo que se va a utilizar y se establecen las ecuaciones que describen el comportamiento del sistema.

Validación del modelo: En esta etapa, se comprueba que el modelo sea válido y que refleje con precisión el comportamiento del sistema real. Se comparan los resultados de la simulación con datos históricos o experimentales para evaluar la precisión del modelo.

Ejecución de la simulación: En esta etapa, se ejecuta la simulación utilizando el modelo construido y los parámetros definidos en las etapas anteriores.

Análisis de los resultados: En esta etapa, se analizan los resultados de la simulación para evaluar el impacto de diferentes escenarios y tomar decisiones basadas en los resultados.

Aplicaciones de la simulación en la toma de decisiones

La simulación se utiliza en una amplia variedad de campos para la toma de decisiones. Algunas de las aplicaciones más comunes son las siguientes:

Simulación en ingeniería: La simulación se utiliza en la ingeniería para modelar sistemas complejos y predecir su comportamiento en diferentes situaciones. Por ejemplo, se puede utilizar para simular el flujo de fluidos en un sistema de tuberías, para evaluar el rendimiento de un sistema de producción o para predecir el comportamiento de una estructura durante un terremoto.

Simulación en finanzas: La simulación se utiliza en finanzas para modelar diferentes escenarios económicos y evaluar su impacto en una cartera de inversiones o en una empresa. Por ejemplo, se puede utilizar para evaluar el riesgo de inversión, para simular el comportamiento de los precios de las acciones o para evaluar el impacto de diferentes estrategias de inversión.

Simulación en salud: La simulación se utiliza en la salud para modelar sistemas biológicos complejos y predecir su comportamiento en diferentes situaciones. Por ejemplo, se puede utilizar para simular el comportamiento de un virus en una población, para evaluar el impacto de diferentes tratamientos en pacientes o para simular el comportamiento de un sistema inmune.

Simulación en logística: La simulación se utiliza en la logística para modelar sistemas de transporte y predecir su comportamiento en diferentes situaciones. Por ejemplo, se puede utilizar para simular el comportamiento del tráfico en una ciudad, para evaluar el impacto de diferentes rutas de transporte en la entrega de productos o para simular el comportamiento de un sistema de distribución.

Simulación en energía: La simulación se utiliza en la energía para modelar sistemas energéticos y predecir su comportamiento en diferentes situaciones. Por ejemplo, se puede utilizar para simular el comportamiento de una red eléctrica, para evaluar el impacto de diferentes fuentes de energía en el medio ambiente o para simular el comportamiento de un sistema de almacenamiento de energía.

Ventajas y desventajas de la simulación en la toma de decisiones

La simulación tiene varias ventajas y desventajas que deben tenerse en cuenta al utilizarla en la toma de decisiones.

Ventajas:

Permite modelar sistemas complejos: La simulación permite modelar sistemas complejos que serían difíciles de entender o predecir utilizando métodos analíticos.

Permite simular diferentes escenarios: La simulación permite simular diferentes escenarios y evaluar el impacto de cada uno de ellos. Esto permite tomar decisiones informadas sobre cómo abordar diferentes situaciones.

Reduce el riesgo: La simulación permite reducir el riesgo al predecir el comportamiento de un sistema antes de tomar una decisión. Esto puede ayudar a evitar errores costosos o peligrosos.

Ahorra tiempo y dinero: La simulación puede ahorrar tiempo y dinero al permitir que se prueben diferentes escenarios antes de implementar una solución.

Desventajas:

Requiere datos precisos: La simulación requiere datos precisos y completos para construir un modelo preciso. Si los datos son inexactos o incompletos, el modelo no reflejará con precisión el comportamiento del sistema real.

Requiere conocimientos técnicos: La simulación requiere conocimientos técnicos para construir modelos y ejecutar simulaciones. Si no se tiene la experiencia necesaria, se pueden cometer errores que afecten la precisión del modelo.

No siempre refleja la realidad: La simulación es una simplificación del mundo real y siempre hay cierto grado de incertidumbre asociado con los modelos de simulación. Además, los supuestos utilizados en el modelo pueden no ser precisos y pueden afectar la precisión del resultado.

Puede ser costosa: La construcción de un modelo de simulación preciso puede ser costosa, especialmente si se requiere software especializado o hardware de alta gama.

En general, la simulación puede ser una herramienta poderosa para la toma de decisiones, especialmente cuando se enfrenta a situaciones complejas o inciertas. Sin embargo, es importante reconocer que la simulación tiene limitaciones y que los resultados obtenidos deben ser interpretados cuidadosamente.

Etapas del proceso de simulación

El proceso de simulación consta de varias etapas que deben ser seguidas para obtener resultados precisos y significativos. A continuación, se describen las cinco etapas principales del proceso de simulación.

Definición del problema: En la primera etapa del proceso de simulación, se define el problema que se desea resolver y se establecen los objetivos de la simulación. Es importante definir el alcance de la simulación y los límites del modelo, incluyendo los supuestos utilizados y las variables a considerar.

Construcción del modelo: En la segunda etapa del proceso de simulación, se construye el modelo matemático que describe el comportamiento del sistema a simular. Esto implica definir las variables y relaciones que influyen en el comportamiento del sistema y desarrollar las ecuaciones necesarias para representarlas.

Validación del modelo: En la tercera etapa del proceso de simulación, se valida el modelo construido para asegurarse de que sea preciso y represente con precisión el comportamiento del sistema real. Esto implica comparar los resultados de la simulación con los datos reales para determinar la precisión del modelo.

Ejecución de la simulación: En la cuarta etapa del proceso de simulación, se ejecuta la simulación utilizando los datos de entrada definidos en la primera etapa. Se pueden realizar múltiples simulaciones para evaluar diferentes escenarios y obtener resultados estadísticos significativos.

Análisis de resultados: En la quinta y última etapa del proceso de simulación, se analizan los resultados obtenidos de la simulación para evaluar el desempeño del sistema en diferentes situaciones y tomar decisiones informadas. Se deben comparar los resultados con los objetivos establecidos en la primera etapa y evaluar la precisión y confiabilidad del modelo.

Herramientas de simulación

Existen varias herramientas de simulación disponibles que se pueden utilizar para construir y ejecutar modelos de simulación. A continuación, se describen algunas de las herramientas más comunes utilizadas en la simulación.

Simuladores de eventos discretos: Los simuladores de eventos discretos se utilizan para simular sistemas que cambian de estado en momentos discretos en el tiempo. Esto implica que los eventos ocurren en momentos específicos y que el sistema permanece en un estado constante entre eventos.

Simuladores de procesos: Los simuladores de procesos se utilizan para simular sistemas que cambian de estado continuamente en el tiempo. Esto implica que los eventos ocurren de manera continua y que el sistema no permanece en un estado constante entre eventos.

Simuladores de Monte Carlo: Los simuladores de Monte Carlo se utilizan para simular sistemas complejos y estocásticos utilizando métodos estadísticos. Esta técnica utiliza números aleatorios para simular la variabilidad y la incertidumbre en el modelo y proporciona resultados probabilísticos.

Simuladores de dinámica de sistemas: Los simuladores de dinámica de sistemas se utilizan para simular sistemas complejos y dinámicos que tienen múltiples retroalimentaciones y relaciones causales. Esta técnica utiliza diagramas de flujo para representar el sistema y puede modelar la complejidad de la interacción entre las diferentes variables.

Simuladores de agentes: Los simuladores de agentes se utilizan para simular sistemas que consisten en múltiples agentes individuales que interactúan entre sí. Esta técnica se utiliza comúnmente en la modelización de sistemas sociales y económicos, como la simulación de mercados financieros y la toma de decisiones en grupos.

Cada herramienta de simulación tiene sus propias fortalezas y debilidades, y la elección de la herramienta depende del tipo de problema que se desea resolver y de los datos disponibles.

Ejemplos de aplicaciones de simulación

La simulación se utiliza en una amplia variedad de campos, desde la ingeniería y la ciencia hasta la economía y las ciencias sociales. A continuación, se presentan algunos ejemplos de aplicaciones de simulación en diferentes campos.

Ingeniería: La simulación se utiliza comúnmente en la ingeniería para diseñar y optimizar sistemas complejos, como aviones, automóviles y plantas de energía. La simulación se utiliza para evaluar el desempeño de diferentes diseños y para identificar áreas para mejorar la eficiencia y la seguridad.

Ciencias de la salud: La simulación se utiliza en las ciencias de la salud para evaluar el efecto de diferentes tratamientos y terapias en pacientes. La simulación también se utiliza para entrenar a profesionales de la salud en situaciones de emergencia y para desarrollar y probar nuevos dispositivos médicos.

Economía y finanzas: La simulación se utiliza en la economía y las finanzas para modelar el comportamiento de los mercados financieros y evaluar diferentes estrategias de inversión. La simulación también se utiliza para evaluar el efecto de diferentes políticas económicas y para predecir el impacto de eventos futuros en la economía.

Ciencias sociales: La simulación se utiliza en las ciencias sociales para modelar el comportamiento de los individuos y los grupos en diferentes situaciones. La simulación se utiliza para evaluar el efecto de diferentes políticas públicas y para predecir el impacto de eventos futuros en la sociedad.

Conclusión

La simulación es una herramienta poderosa para la toma de decisiones que se utiliza en una amplia variedad de campos. La simulación puede ser utilizada para evaluar diferentes escenarios y tomar decisiones informadas en situaciones complejas e inciertas. Sin embargo, es importante reconocer que la simulación tiene limitaciones y que los resultados obtenidos deben ser interpretados cuidadosamente. El proceso de simulación consta de varias etapas que deben ser seguidas para obtener resultados precisos y significativos, y existen varias herramientas de simulación disponibles que se pueden utilizar para construir y ejecutar modelos de simulación.

GESTIÓN DE LA CADENA DE SUMINISTRO Y LOGÍSTICA

La gestión de la cadena de suministro y logística es uno de los aspectos más importantes en el éxito de cualquier empresa. Se refiere a la planificación, coordinación y control de las actividades relacionadas con la obtención, fabricación y entrega de productos o servicios a los clientes. En este capítulo, exploraremos los conceptos clave de la gestión de la cadena de suministro y logística, incluyendo la planificación de la demanda, la gestión de inventario, la logística de entrada y salida y la optimización de la cadena de suministro.

Planificación de la demanda:

La planificación de la demanda es el proceso de predecir la cantidad de productos o servicios que los clientes comprarán en el futuro. La precisión de esta predicción es crucial para garantizar que una empresa tenga suficientes productos en stock para satisfacer la demanda del cliente, sin incurrir en costos adicionales de inventario. Para realizar una planificación de la demanda efectiva, las empresas pueden utilizar una variedad de técnicas, incluyendo la recopilación de datos de ventas históricas, la realización de encuestas de opinión de los clientes y el análisis de tendencias de mercado.

Gestión de inventario:

La gestión de inventario es el proceso de administrar el inventario de una empresa para garantizar que haya suficientes productos en stock para satisfacer la demanda del cliente, sin incurrir en costos innecesarios de almacenamiento y gestión. La gestión de inventario efectiva requiere una combinación de técnicas de planificación de la demanda, pronóstico y gestión de la cadena de suministro. Las empresas pueden utilizar una variedad de herramientas y tecnologías para optimizar su gestión de inventario, incluyendo software de gestión de inventario, análisis de datos y sistemas de seguimiento de inventario en tiempo real.

Logística de entrada:

La logística de entrada se refiere al proceso de recibir y administrar los materiales y componentes necesarios para la producción de productos o servicios. La logística de entrada efectiva es esencial para garantizar que los productos se produzcan y se entreguen a tiempo y a un costo razonable. Las empresas pueden optimizar su logística de entrada mediante la implementación de sistemas de planificación de la producción, el seguimiento de la cadena de suministro y la colaboración con los proveedores para mejorar la eficiencia.

Logística de salida:

La logística de salida se refiere al proceso de administrar y entregar productos o servicios a los clientes finales. La logística de salida efectiva es esencial para garantizar que los productos se entreguen a tiempo y en buen estado, lo que puede tener un impacto significativo en la satisfacción del cliente y la lealtad a la marca. Las empresas pueden optimizar su logística de salida mediante la implementación de sistemas de seguimiento de envío en tiempo real, la colaboración con socios logísticos y el uso de tecnología de la información para mejorar la visibilidad y la eficiencia de la cadena de suministro.

Optimización de la cadena de suministro:

La optimización de la cadena de suministro es el proceso de identificar y eliminar ineficiencias y redundancias en la cadena de suministro de una empresa. La optimización de la cadena de suministro puede mejorar significativamente la eficiencia, reducir los costos y mejorar la satisfacción del cliente. Las empresas pueden optimizar su cadena de suministro mediante la implementación de tecnología de la información, como el uso de sistemas de gestión de la cadena de suministro y análisis de datos. También pueden colaborar con proveedores y socios logísticos para mejorar la eficiencia y la transparencia en la cadena de suministro.

Además, la optimización de la cadena de suministro puede implicar la reorganización de procesos y la eliminación de cuellos de botella, lo que puede mejorar la eficiencia en toda la cadena de suministro. Por ejemplo, una empresa podría utilizar técnicas lean para identificar y eliminar el desperdicio en la producción y la entrega de productos.

Otra estrategia común para la optimización de la cadena de suministro es la externalización de actividades no esenciales. Por ejemplo, una empresa puede externalizar la logística de entrada o la gestión de inventario a un tercero especializado, lo que permite a la empresa centrarse en sus competencias principales y reducir los costos.

La optimización de la cadena de suministro también puede implicar la mejora de la colaboración y la comunicación en toda la cadena de suministro. Las empresas pueden trabajar con proveedores y socios logísticos para mejorar la visibilidad y la transparencia en la cadena de suministro, lo que puede ayudar a prevenir problemas y retrasos en la entrega de productos.

Conclusión:

En resumen, la gestión de la cadena de suministro y logística es un aspecto clave del éxito empresarial. La planificación de la demanda, la gestión de inventario, la logística de entrada y salida y la optimización de la cadena de suministro son aspectos fundamentales de la gestión de la cadena de suministro y logística. Las empresas pueden utilizar una variedad de herramientas y técnicas para mejorar su gestión de la cadena de suministro, incluyendo el uso de tecnología de la información, la colaboración con proveedores y socios logísticos y la implementación de estrategias de optimización de la cadena de suministro. Al enfocarse en la gestión de la cadena de suministro y logística, las empresas pueden mejorar la eficiencia, reducir los costos y mejorar la satisfacción del cliente.

DISEÑO DE INSTALACIONES Y DISTRIBUCIÓN DE PLANTAS

El diseño de instalaciones y la distribución de plantas son fundamentales en el éxito de cualquier empresa. La forma en que se organizan las áreas de producción, la ubicación de los equipos y la eficiencia de los procesos tienen un impacto directo en la calidad de los productos, los tiempos de entrega y los costos operativos.

Este capítulo aborda los principales conceptos y estrategias relacionados con el diseño de instalaciones y la distribución de plantas, con un enfoque en la optimización de los recursos y la mejora continua de los procesos.

Diseño de instalaciones:

El diseño de instalaciones es el proceso de planificación y configuración de los espacios físicos donde se llevan a cabo las actividades productivas. Incluye la ubicación de las áreas de producción, los equipos, las materias primas y los productos terminados, así como la definición de los flujos de trabajo y la organización del espacio.

Uno de los principales objetivos del diseño de instalaciones es optimizar el uso de los recursos, lo que implica maximizar la eficiencia y la productividad de los procesos productivos, minimizar los tiempos de producción y reducir los costos operativos. Para lograr esto, es necesario considerar una serie de factores, como el tamaño y la forma de los espacios, la ubicación de los equipos y las áreas de almacenamiento, la disposición de las instalaciones eléctricas, hidráulicas y de ventilación, entre otros.

La eficiencia en el diseño de instalaciones puede mejorar significativamente los procesos de producción. Por ejemplo, una correcta planificación de las áreas de trabajo puede reducir los tiempos de traslado de materiales y productos, lo que se traduce en una mayor eficiencia y productividad. Asimismo, la disposición de los equipos de producción puede facilitar la realización de tareas y minimizar el riesgo de accidentes laborales.

Otro aspecto importante del diseño de instalaciones es la capacidad de adaptación. Es necesario que las instalaciones sean flexibles y puedan ser adaptadas a las necesidades cambiantes de la empresa, en función de los cambios en la demanda, la introducción de nuevos productos o la adopción de nuevas tecnologías.

Distribución de plantas:

La distribución de plantas es el proceso de organización y disposición de las áreas de producción dentro de una planta industrial. La finalidad de la distribución de plantas es lograr una eficiente interacción entre los recursos disponibles y los procesos productivos.

El objetivo principal de la distribución de plantas es reducir los costos y mejorar la eficiencia de la producción. Para lograr esto, es necesario considerar una serie de factores, como la ubicación de los equipos, la disposición de las áreas de almacenamiento, la organización del flujo de trabajo y la planificación del espacio.

La distribución de plantas también puede tener un impacto en la calidad de los productos y la satisfacción del cliente. Una correcta disposición de las áreas de trabajo puede reducir los tiempos de producción, lo que permite entregar los productos en menor tiempo y con una mayor calidad.

Existen varios enfoques para la distribución de plantas, entre ellos, el enfoque por proceso, que se enfoca en agrupar las actividades por función, y el enfoque por producto, que agrupa las actividades de producción en torno a los productos que se fabrican. También existe un enfoque híbrido, que combina ambos enfoques para obtener los beneficios de cada uno.

El enfoque por proceso se utiliza cuando se producen diferentes productos utilizando los mismos equipos y procesos. En este caso, las áreas de producción se agrupan en función de la actividad que se realiza, como el mecanizado, el ensamblaje o el acabado. Este enfoque permite maximizar la eficiencia de los procesos, ya que se puede utilizar un mismo equipo para producir diferentes productos.

El enfoque por producto, por otro lado, se utiliza cuando se producen productos diferentes que requieren procesos y equipos específicos. En este caso, las áreas de producción se organizan en función de los productos que se fabrican. Este enfoque permite optimizar la producción de cada producto, ya que se pueden adaptar los procesos y equipos específicos para cada producto.

El enfoque híbrido combina ambos enfoques para obtener los beneficios de cada uno. En este caso, se agrupan las áreas de producción en función de los procesos, pero se adaptan a las necesidades específicas de cada producto.

Factores a considerar en el diseño de instalaciones y distribución de plantas:

Al diseñar instalaciones y distribuir plantas, es necesario considerar una serie de factores que tienen un impacto directo en la eficiencia de los procesos y la rentabilidad de la empresa. Algunos de los factores más importantes a considerar son:

La capacidad de producción: Es necesario determinar la capacidad de producción de las instalaciones para asegurarse de que sean suficientes para cumplir con la demanda actual y futura.

Los flujos de trabajo: Es necesario analizar los flujos de trabajo para asegurarse de que los procesos se realicen de manera eficiente y sin interrupciones.

La seguridad: Es necesario garantizar la seguridad de los trabajadores y la integridad de los equipos, mediante la implementación de medidas de seguridad adecuadas.

La ergonomía: Es necesario considerar la ergonomía en el diseño de las instalaciones y la distribución de plantas para evitar lesiones o fatiga en los trabajadores.

La eficiencia energética: Es necesario considerar la eficiencia energética en el diseño de las instalaciones y la distribución de plantas para reducir los costos operativos.

La flexibilidad: Es necesario asegurarse de que las instalaciones sean flexibles y puedan ser adaptadas a las necesidades cambiantes de la empresa.

Estrategias para la mejora continua en el diseño de instalaciones y distribución de plantas:

La mejora continua en el diseño de instalaciones y distribución de plantas es fundamental para mantener la eficiencia y la rentabilidad de la empresa. Algunas estrategias para la mejora continua en el diseño de instalaciones y distribución de plantas son:

La implementación de sistemas de gestión de calidad: La implementación de sistemas de gestión de calidad, como ISO 9001, puede ayudar a la empresa a identificar oportunidades de mejora en el diseño de instalaciones y distribución de plantas.

La evaluación periódica de las instalaciones: Es necesario realizar evaluaciones periódicas de las instalaciones para identificar oportunidades de mejora en la distribución de plantas, los flujos de trabajo, la seguridad y la eficiencia energética.

La actualización de tecnologías: La actualización de tecnologías puede ayudar a mejorar la eficiencia de los procesos y reducir los costos operativos en el diseño de instalaciones y distribución de plantas.

La formación y capacitación de los trabajadores: Es necesario asegurarse de que los trabajadores estén capacitados para utilizar las instalaciones de manera eficiente y segura, mediante la formación y capacitación continua.

La implementación de procesos de mejora continua: La implementación de procesos de mejora continua, como Lean Manufacturing o Six Sigma, puede ayudar a identificar y eliminar desperdicios en los procesos de producción y mejorar la eficiencia en el diseño de instalaciones y distribución de plantas.

La colaboración con proveedores y clientes: La colaboración con proveedores y clientes puede ayudar a identificar oportunidades de mejora en el diseño de instalaciones y distribución de plantas, y mejorar la eficiencia en toda la cadena de suministro.

Conclusiones:

El diseño de instalaciones y distribución de plantas es fundamental para mantener la eficiencia y la rentabilidad de la empresa. Al diseñar instalaciones y distribuir plantas, es necesario considerar una serie de factores que tienen un impacto directo en la eficiencia de los procesos y la rentabilidad de la empresa, como la capacidad de producción, los flujos de trabajo, la seguridad, la ergonomía, la eficiencia energética y la flexibilidad.

La mejora continua en el diseño de instalaciones y distribución de plantas es fundamental para mantener la eficiencia y la rentabilidad de la empresa. Algunas estrategias para la mejora continua en el diseño de instalaciones y distribución de plantas son la implementación de sistemas de gestión de calidad, la evaluación periódica de las instalaciones, la actualización de tecnologías, la formación y capacitación de los trabajadores, la implementación de procesos de mejora continua y la colaboración con proveedores y clientes.

En resumen, el diseño de instalaciones y distribución de plantas es una tarea crítica para la eficiencia y rentabilidad de la empresa. Al considerar los factores mencionados y aplicar estrategias de mejora continua, las empresas pueden mejorar significativamente la eficiencia de sus procesos y reducir sus costos operativos, lo que se traduce en una ventaja competitiva en el mercado.

PLANIFICACIÓN Y PROGRAMACIÓN DE LA PRODUCCIÓN

El capítulo de Planificación y programación de la producción es uno de los temas más importantes en la gestión de la producción, ya que se encarga de establecer los procesos necesarios para lograr la eficiencia y eficacia en la producción de bienes y servicios. En este capítulo, se abordan los aspectos más relevantes de la planificación y programación de la producción, su importancia en la gestión empresarial, los métodos y herramientas utilizados, así como los factores que influyen en su desarrollo y su aplicación.

Importancia de la planificación y programación de la producción

La planificación y programación de la producción es esencial para la gestión eficiente de la producción. Su objetivo es asegurar que los recursos estén disponibles en el momento en que se necesiten para producir los bienes y servicios requeridos en la cantidad y calidad adecuadas, al menor costo posible. De esta manera, se logra mejorar la rentabilidad y la competitividad de la empresa.

La planificación y programación de la producción es un proceso continuo que comienza con la definición de los objetivos y metas de la empresa, y se extiende hasta la programación detallada de la producción en el corto plazo. Los objetivos a largo plazo incluyen la definición de la estrategia de producción, la identificación de los mercados y clientes a los que se dirige la empresa, la definición de los productos y servicios que se ofrecen, la identificación de los recursos necesarios y la planificación de la capacidad de producción.

En el corto plazo, la planificación y programación de la producción implica la programación detallada de la producción diaria o semanal, la asignación de recursos a las tareas de producción, el seguimiento y control de la producción y la resolución de problemas y desviaciones.

Métodos y herramientas de planificación y programación de la producción

Existen diversos métodos y herramientas para la planificación y programación de la producción, que se seleccionan en función de las características y necesidades de la empresa y de la producción. Algunos de los métodos y herramientas más utilizados son los siguientes:

Planificación de la capacidad: Este método consiste en la evaluación de la capacidad de producción disponible y la identificación de los recursos necesarios para cumplir con los objetivos de producción establecidos. Esto permite a la empresa planificar la inversión en recursos necesarios para aumentar la capacidad de producción y mejorar la eficiencia.

Programación de la producción: Esta herramienta permite la asignación de recursos a las tareas de producción y la definición de las fechas de inicio y finalización de las actividades. La programación de la producción se realiza a través de herramientas informáticas, como sistemas de gestión de la producción (ERP) y herramientas de programación avanzada.

Control de la producción: El control de la producción implica el seguimiento y monitoreo del progreso de la producción y la identificación de desviaciones y problemas. Para ello, se utilizan herramientas de seguimiento y control de la producción, como el análisis de indicadores de rendimiento (KPI), sistemas de gestión de la calidad y sistemas de control estadístico del proceso (SPC).

Factores que influyen en la planificación y programación de la producción

La planificación y programación de la producción puede verse afectada por diversos factores que influyen en su desarrollo y aplicación. Algunos de estos factores son los siguientes:

La demanda del mercado: La demanda del mercado es un factor crítico que afecta la planificación y programación de la producción. Si la demanda del mercado es alta, la empresa debe planificar y programar su producción de manera eficiente para asegurarse de que puede satisfacer las necesidades del mercado en el menor tiempo posible. Por otro lado, si la demanda es baja, la empresa debe planificar y programar su producción de manera que no genere excesos de inventario que puedan resultar en costos innecesarios.

La disponibilidad de recursos: La disponibilidad de recursos, como materiales, maquinaria y personal, puede influir en la planificación y programación de la producción. Si los recursos no están disponibles en el momento en que se necesitan, puede generar retrasos en la producción y afectar la capacidad de la empresa para cumplir con sus compromisos de entrega.

Las limitaciones técnicas: Las limitaciones técnicas pueden influir en la planificación y programación de la producción. Por ejemplo, si la maquinaria no puede producir una cierta cantidad de bienes en un determinado tiempo, la empresa debe ajustar su plan de producción en consecuencia.

La estacionalidad: La estacionalidad es un factor importante que influye en la planificación y programación de la producción. Por ejemplo, una empresa que produce juguetes puede tener una demanda muy alta durante la temporada navideña, y una demanda muy baja durante el resto del año. La empresa debe planificar y programar su producción para poder satisfacer la demanda durante los periodos de alta demanda y evitar excesos de inventario durante los periodos de baja demanda.

La competencia: La competencia es un factor importante que influye en la planificación y programación de la producción. Si la competencia ofrece productos similares a precios más bajos, la empresa debe planificar y programar su producción de manera que pueda competir en términos de precio y calidad.

En resumen, la planificación y programación de la producción es un proceso fundamental en la gestión empresarial, ya que permite la optimización de los recursos y la mejora de la eficiencia y eficacia en la producción de bienes y servicios. Para lograr una planificación y programación efectiva, se deben considerar diversos factores que pueden afectar el proceso, y utilizar herramientas y métodos apropiados que permitan una gestión eficiente y efectiva de la producción.

GESTIÓN DE INVENTARIOS Y ALMACENES

La gestión de inventarios y almacenes es una de las actividades más importantes dentro de cualquier empresa que se dedique a la venta de productos. Los inventarios representan una inversión significativa para la empresa y una gestión adecuada puede maximizar los beneficios y minimizar las pérdidas. La gestión de almacenes es el proceso de administrar y organizar los productos almacenados en un lugar determinado. En este capítulo, se discutirán las principales estrategias para la gestión de inventarios y almacenes.

Estrategias de gestión de inventarios

La gestión de inventarios es el proceso de controlar el flujo de productos en una empresa. Es importante asegurarse de que los productos estén disponibles para los clientes en el momento adecuado y en la cantidad correcta. A continuación, se describen las principales estrategias para la gestión de inventarios.

Justo a tiempo (JIT)

La estrategia JIT implica tener el inventario justo cuando se necesita. Esto significa que la empresa no mantiene grandes cantidades de inventario en stock, lo que reduce el costo de almacenamiento. La estrategia JIT puede ser muy efectiva para empresas que producen productos de alta demanda, ya que minimiza el costo de inventario sin sacrificar la capacidad de producción. Sin embargo, esta estrategia es muy dependiente de la capacidad del proveedor para entregar los productos a tiempo, lo que puede ser un riesgo.

Máximo-minimo

La estrategia de máximo-minimo se basa en establecer una cantidad máxima y mínima de inventario que se debe mantener. Cuando el inventario llega al punto mínimo, se realiza un pedido de reabastecimiento. Esta estrategia es útil para productos que tienen una demanda estable, ya que permite mantener un inventario mínimo sin arriesgarse a quedarse sin productos. Sin embargo, esta estrategia puede llevar a un exceso de inventario si no se establecen los niveles adecuados.

ABC

La estrategia ABC se basa en clasificar los productos en tres categorías: A, B y C. Los productos A son aquellos que tienen alta demanda y representan una gran parte de las ventas de la empresa. Los productos B tienen una demanda moderada y los productos C tienen una demanda baja. La empresa puede aplicar diferentes estrategias para la gestión de inventarios de cada categoría. Por ejemplo, los productos A pueden tener un mayor nivel de inventario que los productos B y C. Esta estrategia permite a la empresa concentrarse en los productos más importantes y evitar el exceso de inventario de productos de baja demanda.

Estrategias de gestión de almacenes

La gestión de almacenes es el proceso de organizar los productos almacenados en un lugar determinado. Una buena gestión de almacenes puede mejorar la eficiencia y reducir los costos de almacenamiento. A continuación, se describen las principales estrategias para la gestión de almacenes.

Almacenamiento por ubicación fija

La estrategia de almacenamiento por ubicación fija implica asignar un lugar específico para cada producto en el almacén. Esto permite una gestión más eficiente del inventario y reduce el tiempo necesario para encontrar un producto. Además, esta estrategia puede ser muy útil para las empresas que tienen un gran número de productos diferentes.

Almacenamiento por ubicación aleatoria

La estrategia de almacenamiento por ubicación aleatoria implica no asignar un lugar específico para cada producto en el almacén. En cambio, los productos se colocan en cualquier lugar disponible en el momento en que llegan al almacén. Esta estrategia puede ser muy efectiva para las empresas que tienen una alta rotación de productos, ya que reduce el tiempo necesario para encontrar un producto específico. Sin embargo, esta estrategia puede ser más difícil de administrar si la empresa tiene una gran cantidad de productos diferentes.

Cross-docking

La estrategia de cross-docking implica recibir los productos y enviarlos directamente a los clientes sin almacenarlos en el almacén. Esta estrategia puede ser muy efectiva para empresas que tienen una alta rotación de productos y un sistema de distribución eficiente. Sin embargo, esta estrategia requiere una planificación cuidadosa y una coordinación eficiente entre los proveedores y los clientes.

Almacenamiento por temperatura

La estrategia de almacenamiento por temperatura implica almacenar los productos a diferentes temperaturas según sus requisitos específicos. Por ejemplo, los productos perecederos pueden requerir un almacenamiento en frío, mientras que los productos electrónicos pueden requerir un almacenamiento en seco y con temperatura controlada. Esta estrategia puede ser muy efectiva para empresas que venden una amplia variedad de productos con diferentes requisitos de almacenamiento.

Almacenamiento automatizado

La estrategia de almacenamiento automatizado implica el uso de sistemas automatizados para almacenar y recuperar los productos en el almacén. Estos sistemas pueden incluir robots, transportadores y sistemas de control de inventario automatizados. Esta estrategia puede mejorar la eficiencia y la precisión del proceso de gestión de almacenes, pero requiere una inversión significativa en tecnología y capacitación.

Conclusión

La gestión de inventarios y almacenes es una actividad crítica para cualquier empresa que se dedique a la venta de productos. Una gestión adecuada de inventarios puede maximizar los beneficios y minimizar las pérdidas, mientras que una gestión adecuada de almacenes puede mejorar la eficiencia y reducir los costos de almacenamiento. Las estrategias de gestión de inventarios y almacenes descritas en este capítulo pueden ayudar a las empresas a optimizar su gestión de inventarios y almacenes de acuerdo con sus necesidades y requisitos específicos. Es importante que las empresas evalúen cuidadosamente estas estrategias y elijan las que mejor se adapten a sus operaciones y objetivos comerciales.

INGENIERÍA DE MÉTODOS Y TIEMPOS

La ingeniería de métodos y tiempos es una disciplina que se enfoca en la mejora de los procesos productivos a través de la identificación y eliminación de actividades innecesarias y la optimización de las tareas necesarias para la realización de una actividad o proyecto. En este capítulo, se explicará en detalle en qué consiste la ingeniería de métodos y tiempos, sus objetivos, sus principales técnicas y herramientas, así como su importancia en la gestión de procesos productivos y la mejora continua de las organizaciones.

Definición de ingeniería de métodos y tiempos

La ingeniería de métodos y tiempos se define como una disciplina que tiene como objetivo principal la mejora de los procesos productivos a través de la identificación y eliminación de actividades innecesarias y la optimización de las tareas necesarias para la realización de una actividad o proyecto. Esta disciplina se enfoca en la gestión de la eficiencia, la reducción de los costos y la eliminación de los desperdicios en los procesos productivos.

La ingeniería de métodos y tiempos se basa en el estudio sistemático de los procesos productivos, con el fin de identificar y eliminar todas aquellas actividades que no aportan valor, y optimizar las actividades que sí lo hacen. Para ello, se utilizan técnicas y herramientas específicas, que permiten la medición, análisis y mejora de los procesos productivos.

Objetivos de la ingeniería de métodos y tiempos

Los objetivos de la ingeniería de métodos y tiempos son los siguientes:

Mejora de la eficiencia: La ingeniería de métodos y tiempos tiene como objetivo principal mejorar la eficiencia de los procesos productivos, reduciendo el tiempo necesario para la realización de una actividad o proyecto.

Reducción de los costos: La mejora de la eficiencia permite reducir los costos asociados a la realización de una actividad o proyecto, ya que se eliminan las actividades innecesarias y se optimizan las tareas necesarias.

Eliminación de los desperdicios: La ingeniería de métodos y tiempos tiene como objetivo la eliminación de los desperdicios en los procesos productivos, lo que se traduce en una reducción de los costos y una mejora de la calidad del producto o servicio.

Mejora de la calidad: La mejora de la eficiencia y la eliminación de los desperdicios permiten mejorar la calidad del producto o servicio, ya que se eliminan los errores y se optimiza la realización de las tareas necesarias.

Técnicas y herramientas de la ingeniería de métodos y tiempos

Las principales técnicas y herramientas utilizadas en la ingeniería de métodos y tiempos son las siguientes:

Diagramas de flujo: Los diagramas de flujo permiten representar gráficamente los procesos productivos, identificando las actividades necesarias y la relación entre ellas. Estos diagramas son útiles para identificar las actividades innecesarias y optimizar las tareas necesarias.

Análisis de procesos: El análisis de procesos permite identificar y eliminar todas aquellas actividades que no aportan valor, y optimizar las tareas necesarias. Este análisis se realiza a través de la observación directa del proceso productivo y la recopilación de datos relevantes, como el tiempo que se tarda en realizar cada actividad.

Estudio de tiempos y movimientos: El estudio de tiempos y movimientos es una técnica que permite medir el tiempo necesario para realizar una tarea o actividad, identificando los movimientos necesarios y eliminando aquellos que no aportan valor. Esta técnica es útil para mejorar la eficiencia y reducir los costos asociados a la realización de una actividad o proyecto.

Balance de línea: El balance de línea es una técnica que permite distribuir de manera óptima las tareas necesarias para la realización de un proyecto o actividad, con el fin de maximizar la eficiencia y reducir los costos. Esta técnica es especialmente útil en los procesos productivos en cadena, donde cada tarea depende de la realización de la anterior.

Mejora continua: La mejora continua es una filosofía que se enfoca en la búsqueda constante de la mejora de los procesos productivos, mediante la identificación y eliminación de las actividades innecesarias y la optimización de las tareas necesarias. Esta filosofía se basa en la creencia de que siempre es posible mejorar, y que la mejora continua es esencial para la supervivencia y el crecimiento de las organizaciones.

Importancia de la ingeniería de métodos y tiempos

La ingeniería de métodos y tiempos es esencial para la gestión de procesos productivos y la mejora continua de las organizaciones, ya que permite identificar y eliminar todas aquellas actividades que no aportan valor, y optimizar las tareas necesarias. Algunas de las razones por las que la ingeniería de métodos y tiempos es importante son las siguientes:

Reducción de los costos: La mejora de la eficiencia y la eliminación de los desperdicios permiten reducir los costos asociados a la realización de una actividad o proyecto, lo que se traduce en un aumento de la rentabilidad de la organización.

Mejora de la calidad: La mejora de la eficiencia y la eliminación de los errores permiten mejorar la calidad del producto o servicio, lo que se traduce en una mayor satisfacción del cliente y en una mejora de la reputación de la organización.

Mayor flexibilidad: La optimización de los procesos productivos permite una mayor flexibilidad en la gestión de la producción, lo que permite adaptarse a las necesidades del mercado y a los cambios en la demanda.

Mayor competitividad: La mejora de la eficiencia y la reducción de los costos permiten una mayor competitividad en el mercado, lo que se traduce en una mayor cuota de mercado y en un aumento de los beneficios de la organización.

Conclusiones

En conclusión, la ingeniería de métodos y tiempos es una disciplina esencial para la gestión de procesos productivos y la mejora continua de las organizaciones. Esta disciplina permite identificar y eliminar todas aquellas actividades que no aportan valor, y optimizar las tareas necesarias para la realización de una actividad o proyecto. Las técnicas y herramientas utilizadas en la ingeniería de métodos y tiempos, como los diagramas de flujo, el análisis de procesos, el estudio de tiempos y movimientos, el balance de línea y la mejora continua, son esenciales para la mejora de la eficiencia, la reducción de los costos, la mejora de la calidad y la competitividad de las organizaciones.

Es importante destacar que la ingeniería de métodos y tiempos no es una técnica que se utilice únicamente en la industria manufacturera, sino que también es aplicable en otros ámbitos, como la gestión de proyectos, la logística, la atención al cliente, entre otros. En cualquier actividad en la que se deba realizar una tarea, se puede aplicar la ingeniería de métodos y tiempos para mejorar su eficiencia y reducir los costos asociados.

En definitiva, la ingeniería de métodos y tiempos es una disciplina que aporta grandes beneficios a las organizaciones, permitiendo la mejora de los procesos productivos, la reducción de los costos y la mejora de la calidad, lo que se traduce en una mayor satisfacción del cliente y en una mayor competitividad en el mercado. Por ello, es esencial que las organizaciones inviertan en la formación y capacitación de sus equipos en esta disciplina, para poder aprovechar todo su potencial y seguir creciendo y mejorando en el futuro.

ERGONOMÍA Y SEGURIDAD LABORAL

La ergonomía y la seguridad laboral son dos áreas fundamentales en el ambiente laboral. La ergonomía se encarga de estudiar la relación entre el trabajador y su entorno de trabajo, con el objetivo de mejorar la eficiencia, productividad y calidad de vida del trabajador. Por otro lado, la seguridad laboral se enfoca en identificar, evaluar y controlar los riesgos que pueden afectar la salud y seguridad de los trabajadores.

En este capítulo se abordarán los principales aspectos relacionados con la ergonomía y la seguridad laboral. Se revisarán los conceptos básicos de la ergonomía, así como las principales técnicas y herramientas que se utilizan para su aplicación en el lugar de trabajo. Asimismo, se analizarán las principales normas y regulaciones relacionadas con la seguridad laboral, y se discutirán las principales estrategias para la prevención y control de riesgos laborales.

Ergonomía en el lugar de trabajo

La ergonomía es una disciplina que se encarga de estudiar la relación entre el trabajador y su entorno de trabajo, con el objetivo de optimizar el bienestar del trabajador, aumentar la eficiencia y productividad, y reducir el riesgo de lesiones y enfermedades laborales.

El primer paso para aplicar la ergonomía en el lugar de trabajo es realizar un análisis detallado de las tareas y actividades que se realizan en la empresa. Esto incluye la observación de los trabajadores en su entorno de trabajo, así como la evaluación de los equipos, herramientas y mobiliario que se utilizan.

Una vez que se ha realizado el análisis, se pueden aplicar las siguientes técnicas y herramientas de ergonomía en el lugar de trabajo:

Diseño ergonómico del puesto de trabajo: El diseño ergonómico del puesto de trabajo implica adaptar el entorno laboral al trabajador, con el objetivo de minimizar los riesgos de lesiones y enfermedades laborales. Esto incluye la selección de muebles y equipos ergonómicos, la optimización de la iluminación y la temperatura, y la adaptación del espacio de trabajo para que se ajuste a las necesidades del trabajador.

Evaluación de la carga de trabajo: La evaluación de la carga de trabajo implica identificar las tareas y actividades que requieren mayor esfuerzo físico o mental, con el objetivo de diseñar un entorno laboral que reduzca la fatiga y el estrés en el trabajador.

Análisis biomecánico: El análisis biomecánico implica evaluar la forma en que el cuerpo humano se mueve y se esfuerza en diferentes situaciones laborales, con el objetivo de diseñar un entorno laboral que minimice el riesgo de lesiones musculoesqueléticas.

Análisis de la postura: El análisis de la postura implica evaluar la forma en que el trabajador se sienta, se para o se mueve en el entorno laboral, con el objetivo de diseñar un entorno laboral que promueva una postura saludable y reduzca el riesgo de lesiones musculoesqueléticas.

Entrenamiento en ergonomía: El entrenamiento en ergonomía implica educar a los trabajadores sobre los principios básicos de la ergonomía, con el objetivo de fomentar una cultura de trabajo saludable y prevenir lesiones laborales. Los trabajadores pueden aprender sobre la importancia de la postura adecuada, cómo ajustar la altura del escritorio y la silla, cómo utilizar equipos ergonómicos y cómo hacer pausas para estirar y descansar.

Normas y regulaciones de seguridad laboral

La seguridad laboral es una disciplina que se encarga de identificar, evaluar y controlar los riesgos que pueden afectar la salud y seguridad de los trabajadores. Para ello, existen diversas normas y regulaciones que establecen las obligaciones y responsabilidades de los empleadores y los trabajadores en materia de seguridad laboral.

Entre las normas y regulaciones más importantes de seguridad laboral se encuentran:

Reglamento de Salud y Seguridad en el Trabajo: Este reglamento establece las obligaciones y responsabilidades de los empleadores y los trabajadores en materia de seguridad laboral. Asimismo, establece los criterios para la identificación, evaluación y control de los riesgos laborales.

Reglamento de Seguridad y Salud en el Trabajo: Este reglamento establece las disposiciones para la prevención de accidentes y enfermedades laborales. Asimismo, establece los procedimientos y criterios para la evaluación de los riesgos laborales y la implementación de medidas preventivas.

Estrategias de prevención y control de riesgos laborales

La prevención y el control de los riesgos laborales son fundamentales para garantizar un ambiente de trabajo saludable y seguro. Para ello, existen diversas estrategias que pueden ser implementadas por los empleadores y los trabajadores, entre ellas:

Evaluación y gestión de riesgos: La evaluación y gestión de riesgos implica la identificación de los riesgos laborales, la evaluación de su probabilidad de ocurrencia y su gravedad, y la implementación de medidas preventivas para minimizar o eliminar estos riesgos.

Formación y entrenamiento: La formación y el entrenamiento de los trabajadores en materia de seguridad laboral es fundamental para promover una cultura de trabajo seguro. Los trabajadores deben estar capacitados en el uso de equipos de protección personal, en la identificación de riesgos laborales y en la implementación de medidas preventivas.

Implementación de medidas de seguridad: Las medidas de seguridad son aquellas medidas técnicas o administrativas que se implementan para reducir o eliminar los riesgos laborales. Estas medidas pueden incluir la instalación de equipos de protección colectiva, la implementación de procedimientos de trabajo seguro y la utilización de equipos de protección personal.

Inspecciones de seguridad: Las inspecciones de seguridad son una herramienta importante para identificar los riesgos laborales y evaluar la efectividad de las medidas preventivas implementadas. Las inspecciones pueden ser realizadas por los empleadores o por los trabajadores, y deben ser registradas y reportadas para su seguimiento.

Conclusiones

La ergonomía y la seguridad laboral son aspectos fundamentales para garantizar un ambiente de trabajo saludable y seguro. La ergonomía se enfoca en el diseño y adaptación del ambiente de trabajo a las necesidades físicas y psicológicas de los trabajadores, mientras que la seguridad laboral se enfoca en la identificación, evaluación y control de los riesgos que pueden afectar la salud y seguridad de los trabajadores.

Es importante que los empleadores y los trabajadores tomen conciencia de la importancia de la ergonomía y la seguridad laboral, y trabajen juntos para implementar medidas preventivas y garantizar un ambiente de trabajo seguro. Esto implica la identificación y evaluación de los riesgos laborales, la implementación de medidas preventivas, la formación y el entrenamiento de los trabajadores, y la realización de inspecciones de seguridad.

Además, es importante que los empleadores cumplan con las normas y regulaciones de seguridad laboral establecidas por las autoridades competentes. La Ley General de Salud y Seguridad en el Trabajo, las NOM y el Reglamento Federal de Seguridad y Salud en el Trabajo establecen las obligaciones y responsabilidades de los empleadores y los trabajadores en materia de seguridad laboral, y establecen los criterios para la identificación, evaluación y control de los riesgos laborales.

En conclusión, la ergonomía y la seguridad laboral son aspectos fundamentales para garantizar un ambiente de trabajo saludable y seguro. Los empleadores y los trabajadores deben trabajar juntos para implementar medidas preventivas y garantizar un ambiente de trabajo seguro, y cumplir con las normas y regulaciones de seguridad laboral establecidas por las autoridades competentes.

GESTIÓN DEL MANTENIMIENTO Y FIABILIDAD

La gestión del mantenimiento y la fiabilidad son aspectos críticos para el éxito de cualquier organización. La implementación efectiva de estos procesos puede mejorar la eficiencia operativa, reducir los costos de mantenimiento, aumentar la vida útil de los activos y mejorar la seguridad del personal y de la maquinaria. En este capítulo, exploraremos los conceptos básicos de la gestión del mantenimiento y la fiabilidad, sus beneficios y cómo se pueden implementar en una organización.

Gestión del mantenimiento

La gestión del mantenimiento se refiere a los procesos utilizados para mantener y mejorar la funcionalidad, confiabilidad y seguridad de los equipos y sistemas en una organización. La gestión del mantenimiento se puede dividir en dos categorías principales: mantenimiento correctivo y mantenimiento preventivo.

El mantenimiento correctivo se realiza después de que un equipo o sistema ha fallado. El objetivo principal del mantenimiento correctivo es reparar el equipo o sistema lo más rápido posible para minimizar el tiempo de inactividad. Sin embargo, el mantenimiento correctivo puede ser costoso y puede tener un impacto negativo en la productividad y la rentabilidad de la organización.

El mantenimiento preventivo, por otro lado, se realiza antes de que se produzca una falla en el equipo o sistema. El objetivo principal del mantenimiento preventivo es evitar las fallas en el equipo o sistema y minimizar el tiempo de inactividad. El mantenimiento preventivo se puede dividir en dos categorías:

mantenimiento basado en el tiempo y mantenimiento basado en la condición.

El mantenimiento basado en el tiempo se realiza en intervalos regulares, independientemente del estado del equipo o sistema. Este tipo de mantenimiento es útil para equipos y sistemas que tienen un ciclo de vida predecible, como cambiar el aceite de un automóvil cada cierto número de kilómetros.

El mantenimiento basado en la condición, por otro lado, se realiza cuando el equipo o sistema alcanza un cierto nivel de degradación o cuando se detecta una anomalía. Este tipo de mantenimiento se basa en la monitorización continua de los equipos y sistemas para identificar problemas antes de que se produzcan fallas.

Fiabilidad

La fiabilidad se refiere a la capacidad de un equipo o sistema para funcionar de manera continua y sin fallas durante un período de tiempo determinado. La fiabilidad es un aspecto crítico de cualquier equipo o sistema, especialmente en entornos de alta seguridad y de misión crítica. La fiabilidad se puede mejorar mediante la implementación de procesos de gestión del mantenimiento y la aplicación de técnicas de análisis de fiabilidad.

La tasa de fallas es una medida común de la fiabilidad. La tasa de fallas se refiere a la frecuencia con la que se producen fallas en un equipo o sistema durante un período de tiempo determinado. La tasa de fallas se puede reducir mediante la implementación de procesos de mantenimiento preventivo, el uso de materiales de alta calidad y la mejora del diseño del equipo o sistema.

El tiempo medio entre fallas (MTBF, por sus siglas en inglés) es otra medida común de la fiabilidad. El MTBF se refiere al tiempo promedio entre dos fallas consecutivas en un equipo o sistema. El MTBF se puede aumentar mediante la mejora del diseño del equipo o sistema, el uso de materiales de alta calidad y la implementación de procesos de mantenimiento preventivo.

Otro aspecto importante de la fiabilidad es la disponibilidad. La disponibilidad se refiere al tiempo durante el cual un equipo o sistema está disponible y en funcionamiento. La disponibilidad se puede mejorar mediante la implementación de procesos de mantenimiento preventivo, la reducción del tiempo de reparación y la mejora del diseño del equipo o sistema.

Implementación de la gestión del mantenimiento y la fiabilidad

La implementación efectiva de la gestión del mantenimiento y la fiabilidad puede mejorar significativamente la eficiencia operativa, reducir los costos de mantenimiento y mejorar la seguridad del personal y de la maquinaria. Aquí hay algunos pasos clave para implementar con éxito la gestión del mantenimiento y la fiabilidad en una organización:

Evaluar la situación actual: El primer paso en la implementación de la gestión del mantenimiento y la fiabilidad es evaluar la situación actual de la organización. Esto puede incluir la revisión de los registros de mantenimiento existentes, la identificación de los problemas actuales y la evaluación del desempeño del equipo o sistema.

Desarrollar un plan de mantenimiento: Una vez que se ha evaluado la situación actual, es importante desarrollar un plan de mantenimiento que aborde las áreas problemáticas identificadas. El plan de mantenimiento debe incluir una combinación de mantenimiento preventivo y correctivo para minimizar el tiempo de inactividad y mejorar la fiabilidad del equipo o sistema.

Implementar procesos de mantenimiento preventivo: El mantenimiento preventivo es fundamental para mejorar la fiabilidad del equipo o sistema. Se deben implementar procesos de mantenimiento preventivo para asegurar que el equipo o sistema se mantenga en condiciones óptimas.

Utilizar técnicas de análisis de fiabilidad: Las técnicas de análisis de fiabilidad, como el análisis de modo de falla y efecto (AMFE) y el análisis de árbol de fallas (AAF), pueden ayudar a identificar las áreas de mayor riesgo y a desarrollar estrategias de mitigación.

Capacitar al personal: El personal debe estar capacitado en los procesos de mantenimiento y las técnicas de análisis de fiabilidad. Esto garantizará que el personal esté preparado para realizar el mantenimiento preventivo y para identificar problemas potenciales antes de que se produzcan fallas.

Monitorear el desempeño: Una vez implementados los procesos de gestión del mantenimiento y la fiabilidad, es importante monitorear el desempeño del equipo o sistema. Esto puede incluir la monitorización de la tasa de fallas, el MTBF y la disponibilidad.

Beneficios de la gestión del mantenimiento y la fiabilidad

La implementación efectiva de la gestión del mantenimiento y la fiabilidad puede proporcionar una serie de beneficios significativos para una organización. Algunos de estos beneficios incluyen:

Reducción de los costos de mantenimiento: La implementación de procesos de mantenimiento preventivo puede reducir los costos de mantenimiento a largo plazo al minimizar la necesidad de reparaciones costosas y extensas.

Mejora de la eficiencia operativa: La implementación de procesos de mantenimiento preventivo puede mejorar la eficiencia operativa al minimizar el tiempo de inactividad y aumentar la disponibilidad del equipo o sistema.

Aumento de la vida útil de los activos: La implementación de procesos de mantenimiento preventivo puede aumentar la vida útil de los activos al minimizar el desgaste y la fatiga del equipo o sistema.

Mejora de la seguridad: La implementación de procesos de mantenimiento preventivo puede mejorar la seguridad del personal y de la maquinaria al identificar y corregir problemas potenciales antes de que se produzcan fallas.

Mejora de la calidad del producto: La implementación de procesos de mantenimiento preventivo puede mejorar la calidad del producto al reducir la variabilidad en el proceso de producción y minimizar los defectos del producto.

Mejora de la satisfacción del cliente: La mejora de la eficiencia operativa y la calidad del producto puede mejorar la satisfacción del cliente al proporcionar productos de alta calidad en un plazo de entrega más rápido.

Conclusiones

En resumen, la gestión del mantenimiento y la fiabilidad son fundamentales para la eficiencia operativa, la seguridad y la calidad del producto. La implementación efectiva de la gestión del mantenimiento y la fiabilidad puede reducir los costos de mantenimiento, mejorar la eficiencia operativa, aumentar la vida útil de los activos, mejorar la seguridad, mejorar la calidad del producto y mejorar la satisfacción del cliente. Los procesos de mantenimiento preventivo, las técnicas de análisis de fiabilidad y la capacitación del personal son algunos de los aspectos clave de la gestión del mantenimiento y la fiabilidad. Al implementar estos procesos, las organizaciones pueden lograr una mayor confiabilidad y eficiencia operativa en su producción.

TECNOLOGÍAS DE AUTOMATIZACIÓN Y CONTROL

En la actualidad, la tecnología de automatización y control está presente en una gran variedad de industrias, desde la producción manufacturera hasta la gestión de infraestructuras y servicios públicos. Esta tecnología utiliza sistemas de control para automatizar procesos y mejorar la eficiencia, la calidad y la seguridad de los productos y servicios que se ofrecen.

En este capítulo, se explorarán las principales tecnologías de automatización y control, así como los beneficios y desafíos que presentan. Además, se examinarán los diferentes tipos de sistemas de control, desde los sistemas de control basados en relés hasta los sistemas de control programables más avanzados.

Tecnologías de Automatización y Control

Las tecnologías de automatización y control incluyen una amplia gama de herramientas y sistemas diseñados para mejorar la eficiencia, la calidad y la seguridad de los procesos industriales. Estas tecnologías se utilizan en una variedad de industrias, desde la fabricación hasta la gestión de infraestructuras y servicios públicos.

Algunas de las principales tecnologías de automatización y control incluyen:

Control Numérico Computarizado (CNC)

El Control Numérico Computarizado (CNC) es un sistema de automatización utilizado en la producción manufacturera para controlar máquinas herramienta mediante el uso de programas de software. Los programas de software CNC permiten a los usuarios definir las herramientas y los movimientos que se deben realizar en la pieza de trabajo.

El CNC es ampliamente utilizado en la producción de piezas de alta precisión, como componentes para la industria aeroespacial y médica.

Robótica

La robótica es una tecnología de automatización que utiliza robots para realizar tareas en una variedad de entornos industriales. Los robots pueden ser programados para realizar tareas repetitivas y peligrosas, lo que aumenta la seguridad de los trabajadores y mejora la eficiencia del proceso.

La robótica se utiliza en una amplia gama de industrias, desde la fabricación hasta la logística y la atención médica.

Sistemas de Control de Procesos

Los sistemas de control de procesos son herramientas de automatización que se utilizan para controlar y supervisar los procesos industriales en tiempo real. Estos sistemas utilizan sensores y controladores para medir y ajustar los parámetros del proceso, como la temperatura, la presión y el flujo.

Los sistemas de control de procesos se utilizan en una amplia gama de industrias, desde la producción química hasta la fabricación de alimentos y bebidas.

Sistemas de Control de Calidad

Los sistemas de control de calidad son herramientas de automatización que se utilizan para garantizar que los productos y servicios cumplan con los estándares de calidad requeridos. Estos sistemas utilizan técnicas de medición y análisis para detectar y corregir problemas de calidad.

Los sistemas de control de calidad se utilizan en una amplia gama de industrias, desde la fabricación hasta la atención médica y los servicios financieros.

Tipos de Sistemas de Control

Existen varios tipos de sistemas de control utilizados en la tecnología de automatización y control. Estos sistemas se clasifican en función de su complejidad y capacidad de programación.

Sistemas de Control Basados en Relés

Los sistemas de control basados en relés son los sistemas de control más antiguos y simples. Estos sistemas utilizan relés electromecánicos para controlar el funcionamiento de una máquina o proceso. Los relés se activan o desactivan en función de la señal eléctrica que reciben, lo que permite controlar el encendido y apagado de los componentes del sistema.

Los sistemas de control basados en relés son limitados en su capacidad de programación y sólo pueden realizar tareas simples y repetitivas. Sin embargo, estos sistemas son fiables y se utilizan en aplicaciones donde la simplicidad es más importante que la funcionalidad avanzada.

Sistemas de Control Lógico Programable (PLC)

Los sistemas de control lógico programable (PLC) son una forma más avanzada de control que utiliza una computadora programable para controlar el funcionamiento de una máquina o proceso. Los PLCs utilizan un lenguaje de programación especializado para controlar la secuencia de operaciones y ajustar los parámetros del proceso.

Los PLCs son flexibles y pueden programarse para realizar una amplia variedad de tareas y operaciones. Estos sistemas se utilizan en una amplia gama de aplicaciones industriales, desde la producción manufacturera hasta la gestión de infraestructuras y servicios públicos.

Sistemas de Control Distribuido (DCS)

Los sistemas de control distribuido (DCS) son sistemas avanzados de control que se utilizan en procesos industriales complejos. Estos sistemas utilizan una red de controladores distribuidos para supervisar y controlar múltiples procesos en tiempo real.

Los DCSs son altamente escalables y se pueden programar para controlar procesos de gran escala y complejidad. Estos sistemas se utilizan en una amplia gama de aplicaciones industriales, desde la producción química hasta la generación de energía y la gestión de infraestructuras.

Sistemas de Control de Alto Nivel (HIL)

Los sistemas de control de alto nivel (HIL) son sistemas de simulación que se utilizan para probar y validar sistemas de control en entornos virtuales. Estos sistemas utilizan modelos matemáticos para simular el comportamiento de los sistemas en tiempo real, lo que permite a los ingenieros probar y optimizar el rendimiento de los sistemas de control antes de implementarlos en un entorno real.

Los sistemas HIL se utilizan en una amplia gama de aplicaciones industriales, desde la automoción hasta la aeronáutica y la ingeniería eléctrica.

Beneficios de la Tecnología de Automatización y Control

La tecnología de automatización y control ofrece una serie de beneficios a las empresas y organizaciones que la utilizan. Algunos de los principales beneficios incluyen:

Aumento de la Eficiencia

La automatización y el control permiten a las empresas mejorar la eficiencia de sus procesos, reduciendo el tiempo de producción y minimizando los errores humanos. Esto permite a las empresas aumentar su producción y reducir los costos de fabricación.

Mejora de la Calidad

La tecnología de automatización y control permite a las empresas mejorar la calidad de sus productos y servicios, reduciendo la variabilidad y minimizando los errores. Esto aumenta la satisfacción del cliente y mejora la imagen de la marca.

Aumento de la Seguridad

La automatización y el control permiten mejorar la seguridad en el lugar de trabajo al minimizar la exposición humana a situaciones peligrosas. Esto se logra al automatizar procesos peligrosos o al implementar sistemas de seguridad que monitorean el funcionamiento de las máquinas y equipos para detectar fallos o condiciones peligrosas.

Reducción de los Costos

La tecnología de automatización y control puede ayudar a reducir los costos de producción al minimizar el desperdicio de materiales y energía, así como al reducir la necesidad de mano de obra humana.

Aumento de la Flexibilidad

Los sistemas de control avanzados, como los PLCs y los DCSs, son altamente flexibles y pueden programarse para realizar una amplia variedad de tareas y operaciones. Esto permite a las empresas adaptarse rápidamente a los cambios en el mercado y a las nuevas demandas de los clientes.

Mejora del Análisis de Datos

La tecnología de automatización y control permite a las empresas recopilar y analizar grandes cantidades de datos sobre sus procesos y operaciones. Esto les permite identificar áreas de mejora y optimizar sus procesos para maximizar la eficiencia y la rentabilidad.

Desafíos en la Implementación de la Tecnología de Automatización y Control

Si bien la tecnología de automatización y control ofrece una serie de beneficios a las empresas, también presenta una serie de desafíos en su implementación. Algunos de los principales desafíos incluyen:

Costo

La implementación de sistemas de control avanzados puede ser costosa, especialmente para pequeñas y medianas empresas. Además del costo de los equipos y sistemas de control, también se requiere personal altamente capacitado para instalar, programar y mantener estos sistemas.

Integración

La implementación de sistemas de control avanzados a menudo requiere la integración de múltiples sistemas y equipos, lo que puede ser un desafío técnico. Además, los sistemas de control pueden no ser compatibles con los sistemas existentes, lo que requiere una inversión adicional en la actualización de los sistemas existentes o la adquisición de nuevos equipos.

Capacitación del personal

La implementación de sistemas de control avanzados requiere personal altamente capacitado y especializado para programar, mantener y operar los sistemas. La capacitación del personal puede ser costosa y llevar tiempo, lo que puede retrasar la implementación del sistema de control.

Seguridad Cibernética

Los sistemas de control avanzados están conectados a la red y pueden ser vulnerables a los ataques cibernéticos. La seguridad cibernética debe ser una consideración importante en la implementación de sistemas de control avanzados para proteger los sistemas y los datos sensibles.

Ejemplos de la Tecnología de Automatización y Control en la Industria

La tecnología de automatización y control se utiliza en una amplia gama de industrias, desde la manufacturera hasta la energética y la automotriz. A continuación se presentan algunos ejemplos de cómo se utiliza la tecnología de automatización y control en la industria.

Automoción

En la industria automotriz, la tecnología de automatización y control se utiliza para mejorar la eficiencia y la calidad en la producción de automóviles. Los sistemas de control avanzados se utilizan para controlar el proceso de producción, desde el ensamblaje de piezas hasta la pintura y el acabado final. También se utilizan sistemas de robots y máquinas automatizadas para realizar tareas que antes requerían mano de obra humana, como el ensamblaje de componentes y la soldadura.

Energía

En la industria de la energía, la tecnología de automatización y control se utiliza para mejorar la eficiencia y la seguridad en la producción de energía, desde la generación de electricidad hasta la extracción de petróleo y gas. Los sistemas de control avanzados se utilizan para monitorear y controlar el funcionamiento de las plantas de energía, lo que ayuda a optimizar la producción y reducir los costos.

Manufactura

En la industria manufacturera, la tecnología de automatización y control se utiliza para mejorar la eficiencia y la calidad en la producción de bienes, desde la fabricación de productos electrónicos hasta la producción de alimentos y bebidas.

Los sistemas de control avanzados se utilizan para monitorear y controlar los procesos de producción, lo que ayuda a reducir los costos y mejorar la calidad del producto.

Minería

En la industria minera, la tecnología de automatización y control se utiliza para mejorar la seguridad y la eficiencia en la extracción de minerales y metales. Los sistemas de control avanzados se utilizan para monitorear y controlar el funcionamiento de los equipos de minería, lo que ayuda a minimizar los riesgos para los trabajadores y maximizar la producción.

Agricultura

En la industria agrícola, la tecnología de automatización y control se utiliza para mejorar la eficiencia y la productividad en la producción de alimentos y cultivos. Los sistemas de control avanzados se utilizan para monitorear y controlar los procesos de riego, fertilización y cosecha, lo que ayuda a maximizar el rendimiento de los cultivos y reducir los costos de producción.

Conclusiones

La tecnología de automatización y control es una herramienta poderosa para mejorar la eficiencia, la seguridad y la rentabilidad en una amplia gama de industrias. La implementación de sistemas de control avanzados puede ayudar a las empresas a reducir los costos, mejorar la calidad del producto y adaptarse rápidamente a los cambios en el mercado.

Sin embargo, la implementación de sistemas de control avanzados también presenta una serie de desafíos, como el costo, la integración, la capacitación del personal y la seguridad cibernética. Es importante que las empresas evalúen cuidadosamente los beneficios y los desafíos de la implementación de sistemas de control avanzados antes de tomar una decisión.

En última instancia, la tecnología de automatización y control puede ser una herramienta valiosa para ayudar a las empresas a mantenerse competitivas en un mercado global cada vez más exigente.

DESARROLLO Y GESTIÓN DE PROYECTOS INDUSTRIALES

El desarrollo y gestión de proyectos industriales es una tarea crucial para las empresas que buscan mejorar sus procesos de producción y, por lo tanto, aumentar su competitividad en el mercado. Este capítulo tiene como objetivo proporcionar una visión general de los procesos y herramientas necesarios para llevar a cabo con éxito proyectos industriales.

Fases del desarrollo de proyectos industriales

El desarrollo de un proyecto industrial consta de varias fases, que pueden variar según la naturaleza del proyecto y la empresa que lo lleva a cabo. Sin embargo, es posible identificar algunas fases que son comunes a la mayoría de los proyectos:

Identificación de la necesidad: en esta fase se define el problema o necesidad que se desea resolver a través del proyecto. También se identifican los objetivos del proyecto y se establece un marco de tiempo y un presupuesto estimado.

Planificación: en esta fase se elabora un plan detallado que establece las actividades necesarias para lograr los objetivos del proyecto, los recursos que se necesitarán y los plazos en los que se realizarán.

Ejecución: en esta fase se llevan a cabo las actividades planificadas y se realiza el seguimiento y control de los resultados obtenidos.

Cierre: en esta fase se evalúan los resultados obtenidos, se documenta el proyecto y se realizan las acciones necesarias para su cierre.

Herramientas para la gestión de proyectos industriales

Existen diversas herramientas que pueden utilizarse para llevar a cabo la gestión de proyectos industriales. Algunas de las más comunes son las siguientes:

Diagrama de Gantt: esta herramienta permite representar gráficamente el plan de actividades del proyecto, mostrando las tareas que se deben realizar y su duración estimada. También permite establecer relaciones de dependencia entre las tareas.

Red de Pert: esta herramienta es similar al diagrama de Gantt, pero se centra en las relaciones de dependencia entre las tareas. Permite identificar cuáles son las tareas críticas del proyecto, es decir, aquellas que deben realizarse en plazo para que el proyecto se complete en tiempo y forma.

Matriz de riesgos: esta herramienta permite identificar los riesgos asociados al proyecto y establecer estrategias para minimizarlos o eliminarlos. También permite evaluar la probabilidad y el impacto de cada riesgo.

Plan de contingencia: este plan establece las medidas que se tomarán en caso de que se produzca algún imprevisto que afecte al desarrollo del proyecto. Es importante que este plan se establezca antes de que se produzca el imprevisto, para poder actuar de manera rápida y eficaz.

Software de gestión de proyectos: existen diversas herramientas informáticas que permiten llevar a cabo la gestión de proyectos de manera eficaz, como Microsoft Project o Trello. Estas herramientas permiten planificar las tareas, establecer plazos y recursos, y realizar un seguimiento en tiempo real del desarrollo del proyecto.

Factores clave para el éxito de un proyecto industrial

El éxito de un proyecto industrial depende de diversos factores, algunos de los cuales son los siguientes:

Definición clara de los objetivos del proyecto: es importante que los objetivos del proyecto estén bien definidos desde el principio, para que todos los miembros del equipo trabajen en la misma dirección y sepan cuál es el resultado esperado.

Asignación adecuada de recursos: es fundamental que se asignen los recursos adecuados al proyecto, incluyendo personal, presupuesto y tiempo. Si no se asignan los recursos necesarios, el proyecto podría enfrentar dificultades y retrasos.

Comunicación efectiva: es esencial que exista una comunicación clara y efectiva entre todos los miembros del equipo del proyecto, así como con los clientes y proveedores. Una buena comunicación puede prevenir malentendidos y problemas que podrían afectar el éxito del proyecto.

Gestión de riesgos: es importante que se identifiquen los riesgos asociados al proyecto y se establezcan estrategias para minimizarlos o eliminarlos. Esto puede ayudar a prevenir problemas y retrasos en el desarrollo del proyecto.

Seguimiento y evaluación: es necesario realizar un seguimiento constante del proyecto para asegurarse de que se está avanzando de acuerdo con el plan establecido y para detectar cualquier desviación o problema. Además, es importante realizar una evaluación al final del proyecto para determinar si se han cumplido los objetivos y si se han obtenido los resultados esperados.

Ejemplo de gestión de proyecto industrial

Para ilustrar la gestión de un proyecto industrial, a continuación, se presenta un ejemplo hipotético:

Empresa X desea implementar una nueva línea de producción para fabricar un producto específico. El proyecto se desarrollará en un plazo de seis meses y se ha establecido un presupuesto de $100,000. El equipo del proyecto está compuesto por un gerente de proyecto, un ingeniero de producción, un diseñador industrial y un equipo de operarios de producción.

Fase 1: Identificación de la necesidad

El equipo del proyecto se reúne para definir el problema que se desea resolver y los objetivos del proyecto. Se establece que la empresa necesita una nueva línea de producción para fabricar un producto específico debido al aumento de la demanda. Los objetivos del proyecto son aumentar la producción del producto, mejorar la calidad y reducir los costos.

Fase 2: Planificación

El equipo del proyecto elabora un plan detallado que establece las actividades necesarias para lograr los objetivos del proyecto, los recursos que se necesitarán y los plazos en los que se realizarán. Se establecen las siguientes actividades principales:

Diseño de la línea de producción

Adquisición de los equipos necesarios

Capacitación de los operarios de producción

Pruebas de producción y ajustes

El equipo del proyecto utiliza un diagrama de Gantt para representar gráficamente el plan de actividades del proyecto y establecer las relaciones de dependencia entre las tareas.

Fase 3: Ejecución

El equipo del proyecto comienza a llevar a cabo las actividades planificadas y realiza el seguimiento y control de los resultados obtenidos. Se establecen reuniones periódicas para evaluar el avance del proyecto y hacer ajustes si es necesario.

Fase 4: Cierre

Una vez que se ha completado la implementación de la nueva línea de producción, se realiza una evaluación del proyecto para determinar si se han cumplido los objetivos y si se han obtenido los resultados esperados. Se documenta el proyecto y se realiza su cierre.

Conclusión

La gestión de proyectos industriales es una tarea compleja que requiere una planificación detallada, una buena gestión de recursos, una comunicación efectiva, la identificación y gestión de riesgos, y un seguimiento constante del proyecto. El éxito del proyecto dependerá en gran medida de la gestión adecuada de estas áreas clave.

Es importante que los gerentes de proyecto industriales tengan una buena comprensión de las actividades y procesos que se llevarán a cabo en el proyecto, así como de los recursos necesarios para completarlo. También es importante que tengan habilidades de liderazgo, comunicación y gestión del tiempo para poder liderar el equipo del proyecto y asegurarse de que se cumplan los plazos y objetivos establecidos.

La utilización de herramientas de gestión de proyectos, como los diagramas de Gantt, puede ser muy útil para la planificación y seguimiento de los proyectos industriales. Estas herramientas permiten una visualización clara de las actividades y los plazos, y pueden ayudar a identificar los cuellos de botella y los retrasos en el proyecto.

En resumen, la gestión de proyectos industriales es un proceso complejo que requiere una planificación cuidadosa, una gestión adecuada de recursos y riesgos, una comunicación efectiva y un seguimiento constante del proyecto. La implementación adecuada de estas prácticas puede ayudar a garantizar el éxito del proyecto y la satisfacción del cliente.

ANÁLISIS DE COSTO-BENEFICIO Y EVALUACIÓN DE PROYECTOS

En la gestión de proyectos, es esencial que se realice una evaluación cuidadosa de los costos y los beneficios antes de tomar cualquier decisión importante. Esto se debe a que cualquier inversión en un proyecto debe ser rentable y beneficiosa para la organización en su conjunto. Para evaluar los costos y los beneficios de un proyecto, se utiliza una técnica llamada análisis de costo-beneficio. En este capítulo, discutiremos en detalle qué es el análisis de costo-beneficio, cómo se lleva a cabo y su importancia en la evaluación de proyectos.

¿Qué es el análisis de costo-beneficio?

El análisis de costo-beneficio es una técnica utilizada para evaluar la relación entre los costos y los beneficios de un proyecto. Este análisis se realiza para determinar si los beneficios esperados del proyecto justifican los costos asociados con él. En otras palabras, el análisis de costo-beneficio ayuda a las organizaciones a determinar si un proyecto es rentable y si es viable económicamente.

El análisis de costo-beneficio implica la identificación de todos los costos asociados con el proyecto, tanto los costos directos como los indirectos. Los costos directos son aquellos que están directamente relacionados con la ejecución del proyecto, como los costos de materiales y mano de obra. Los costos indirectos, por otro lado, son aquellos que están relacionados con el proyecto pero no son directamente atribuibles a él, como los costos administrativos generales.

Por otro lado, los beneficios del proyecto deben identificarse y cuantificarse. Los beneficios pueden ser tangibles o intangibles. Los beneficios tangibles son aquellos que pueden medirse en términos monetarios, como el aumento de las ventas o la reducción de costos. Los beneficios intangibles son aquellos que no pueden medirse fácilmente en términos monetarios, como la mejora de la imagen de la marca o la satisfacción del cliente.

Una vez que se han identificado todos los costos y beneficios asociados con el proyecto, se realiza un análisis para determinar si los beneficios justifican los costos. Si el análisis muestra que los beneficios superan los costos, entonces el proyecto se considera viable económicamente.

Pasos para llevar a cabo el análisis de costo-beneficio

El análisis de costo-beneficio se realiza en varias etapas. Estas etapas incluyen:

Identificación de costos y beneficios: El primer paso en el análisis de costo-beneficio es identificar todos los costos y beneficios asociados con el proyecto. Esto incluye tanto los costos directos como los indirectos, y los beneficios tangibles e intangibles.

Cuantificación de costos y beneficios: El siguiente paso es cuantificar todos los costos y beneficios identificados. Los costos se cuantifican en términos monetarios, mientras que los beneficios tangibles también se cuantifican en términos monetarios. Los beneficios intangibles se cuantifican utilizando métodos subjetivos, como encuestas o análisis de opinión.

Establecimiento de una línea de base: Una vez que se han identificado y cuantificado todos los costos y beneficios, se establece una línea de base. La línea de base es una representación de los costos y beneficios esperados sin el proyecto en cuestión. Esto ayuda a comparar los costos y beneficios esperados con los costos y beneficios reales después de la implementación del proyecto.

Análisis de costo-beneficio: El siguiente paso es llevar a cabo el análisis de costo-beneficio real. Esto implica comparar los costos y beneficios esperados con la línea de base establecida. Si los beneficios esperados superan los costos esperados, entonces el proyecto se considera viable económicamente. Si los costos esperados superan los beneficios esperados, entonces el proyecto puede necesitar ser reevaluado o abandonado.

Importancia del análisis de costo-beneficio en la evaluación de proyectos

El análisis de costo-beneficio es una herramienta importante para la evaluación de proyectos por varias razones:

Ayuda a tomar decisiones informadas: El análisis de costo-beneficio proporciona información importante sobre la relación entre los costos y los beneficios de un proyecto. Esto ayuda a los responsables de la toma de decisiones a tomar decisiones informadas sobre si deben seguir adelante con un proyecto o no.

Identifica los costos ocultos: El análisis de costo-beneficio ayuda a identificar los costos ocultos asociados con un proyecto. Esto incluye los costos indirectos que a menudo se pasan por alto pero que pueden tener un impacto significativo en la rentabilidad del proyecto.

Mejora la planificación del proyecto: El análisis de costo-beneficio ayuda a las organizaciones a planificar y presupuestar un proyecto de manera efectiva. Esto ayuda a evitar sorpresas desagradables y a asegurar que se alcancen los objetivos del proyecto dentro del presupuesto asignado.

Reduce el riesgo: El análisis de costo-beneficio ayuda a las organizaciones a evaluar el riesgo asociado con un proyecto. Esto incluye la evaluación de los riesgos financieros, operativos y de cumplimiento. Si se identifica un alto riesgo, entonces se pueden tomar medidas para reducir o mitigar ese riesgo antes de implementar el proyecto.

Ejemplo de análisis de costo-beneficio

Para ilustrar cómo se realiza un análisis de costo-beneficio, consideremos un ejemplo hipotético de una organización que está considerando la implementación de un nuevo sistema de gestión de inventario. Supongamos que la organización ha identificado los siguientes costos y beneficios asociados con el proyecto:

Costos:

Costo del software: $20,000

Costo de la implementación: $5,000

Costo del personal de capacitación: $2,000

Costos operativos adicionales: $1,000 por mes

Beneficios:

Reducción de costos de inventario: $3,000 por mes

Aumento de las ventas: $2,000 por mes

Reducción de errores de inventario: $1,000 por mes

Mejora de la satisfacción del cliente: no cuantificable

Utilizando esta información, podemos llevar a cabo un análisis de costo-beneficio de la siguiente manera:

Identificación de costos y beneficios: Los costos identificados incluyen el costo del software, el costo de la implementación, el costo del personal de capacitación y los costos operativos adicionales. Los beneficios identificados incluyen la reducción de costos de inventario, el aumento de las ventas y la reducción de errores de inventario. También se identifica una mejora en la satisfacción del cliente, aunque no se puede cuantificar.

Establecimiento de una línea de base: La línea de base se establece identificando los costos y beneficios que se esperan sin la implementación del proyecto. Supongamos que, sin el nuevo sistema de gestión de inventario, la organización espera tener costos de inventario de $10,000 por mes, ventas de $20,000 por mes y errores de inventario de $2,000 por mes.

Identificación de los costos y beneficios reales: Una vez que se implementa el nuevo sistema de gestión de inventario, se puede medir la reducción real de costos de inventario, el aumento real de las ventas y la reducción real de errores de inventario. Supongamos que estos beneficios resultan ser $4,000 por mes, $2,500 por mes y $1,500 por mes, respectivamente. Además, los costos operativos adicionales resultan ser de $1,500 por mes.

Análisis de costo-beneficio: Utilizando esta información, podemos comparar los costos y beneficios esperados con la línea de base y los costos y beneficios reales para determinar si el proyecto es viable económicamente. El análisis de costo-beneficio se realiza de la siguiente manera:

Costos esperados: $20,000 + $5,000 + $2,000 + ($1,000 x 12) = $39,000

Beneficios esperados: $3,000 + $2,000 + $1,000 = $6,000

Costos reales: $39,000 + ($1,500 x 12) = $57,000

Beneficios reales: $4,000 + $2,500 + $1,500 = $8,000

Basándonos en este análisis, podemos ver que los beneficios esperados superan los costos esperados, lo que indica que el proyecto es viable económicamente. Además, los beneficios reales también superan los costos reales, lo que sugiere que la implementación del nuevo sistema de gestión de inventario ha sido un éxito.

Limitaciones del análisis de costo-beneficio

Aunque el análisis de costo-beneficio es una herramienta útil para la evaluación de proyectos, hay algunas limitaciones importantes que deben tenerse en cuenta:

Dificultad para cuantificar ciertos beneficios: A veces puede ser difícil cuantificar ciertos beneficios, como la mejora de la satisfacción del cliente. Esto puede hacer que sea más difícil determinar si un proyecto es viable económicamente.

Supuestos inexactos: El análisis de costo-beneficio se basa en supuestos, y si estos supuestos son inexactos, entonces el análisis puede ser incorrecto. Por lo tanto, es importante asegurarse de que los supuestos utilizados sean precisos y realistas.

No tiene en cuenta los costos y beneficios a largo plazo: El análisis de costo-beneficio se centra en los costos y beneficios a corto plazo y no tiene en cuenta los costos y beneficios a largo plazo. Por lo tanto, es posible que un proyecto parezca viable económicamente a corto plazo, pero no lo sea a largo plazo.

Conclusión

En resumen, el análisis de costo-benefio es una herramienta importante para la evaluación de proyectos. Permite a los gerentes y tomadores de decisiones determinar si un proyecto es viable económicamente al comparar los costos y beneficios esperados con los costos y beneficios reales. Sin embargo, es importante tener en cuenta las limitaciones del análisis de costo-beneficio, como la dificultad para cuantificar ciertos beneficios y los supuestos inexactos.

Además del análisis de costo-beneficio, hay otras herramientas y técnicas que pueden utilizarse para la evaluación de proyectos, como el análisis de costoefectividad, el análisis de costo-utilidad y el análisis de impacto ambiental y social. Cada una de estas herramientas y técnicas tiene sus propias ventajas y limitaciones, y la elección de la herramienta adecuada dependerá de los objetivos del proyecto y las circunstancias específicas.

En última instancia, la evaluación de proyectos es esencial para asegurar que las organizaciones inviertan sus recursos de manera efectiva y eficiente. Al evaluar los costos y beneficios de un proyecto, los gerentes y tomadores de decisiones pueden tomar decisiones informadas sobre si deben continuar con el proyecto o no. Esto puede ayudar a garantizar que los recursos limitados se utilicen de manera efectiva para lograr los objetivos de la organización y maximizar su impacto.

ANÁLISIS FINANCIERO Y DE RENTABILIDAD EN LA INGENIERÍA INDUSTRIAL

El análisis financiero y de rentabilidad es una herramienta fundamental en la ingeniería industrial, ya que permite evaluar la viabilidad y la rentabilidad de los proyectos, así como tomar decisiones estratégicas y tácticas en una empresa. En este capítulo, se discutirán los principales conceptos y técnicas utilizados en el análisis financiero y de rentabilidad, así como su importancia en la ingeniería industrial.

Conceptos fundamentales

Antes de comenzar con el análisis financiero y de rentabilidad, es importante conocer algunos conceptos fundamentales, como el costo de capital, el flujo de efectivo, la tasa de descuento y el punto de equilibrio.

El costo de capital se refiere a la tasa de retorno requerida por los inversores para financiar un proyecto. Esta tasa puede estar compuesta por diferentes componentes, como el costo de la deuda, el costo de la equidad y el costo de los activos.

El flujo de efectivo se refiere al dinero que ingresa y sale de una empresa en un período determinado. Es importante distinguir el flujo de efectivo de los beneficios contables, ya que los beneficios contables no siempre se traducen en flujo de efectivo.

La tasa de descuento es la tasa de interés que se utiliza para calcular el valor actual de los flujos de efectivo futuros. Esta tasa se utiliza para evaluar la rentabilidad de un proyecto.

El punto de equilibrio se refiere al nivel de ventas en el que los ingresos igualan los costos. Este punto es importante porque indica el nivel mínimo de ventas necesario para evitar pérdidas.

Análisis financiero

El análisis financiero se refiere al estudio de los estados financieros de una empresa, como el balance general, el estado de resultados y el estado de flujo de efectivo. Estos estados financieros proporcionan información importante sobre la situación financiera de una empresa y su desempeño.

El balance general muestra los activos, pasivos y patrimonio de una empresa en un momento determinado. Los activos son los recursos que posee la empresa, como efectivo, cuentas por cobrar, inventarios y propiedades. Los pasivos son las obligaciones de la empresa, como cuentas por pagar y préstamos. El patrimonio es la inversión de los accionistas en la empresa.

El estado de resultados muestra los ingresos y los gastos de una empresa durante un período determinado. Los ingresos incluyen las ventas de productos o servicios, mientras que los gastos incluyen los costos de producción, los gastos administrativos y los impuestos.

El estado de flujo de efectivo muestra los flujos de efectivo de una empresa durante un período determinado. Este estado financiero es importante porque muestra el flujo de efectivo real de la empresa, lo que permite evaluar su capacidad para financiar sus operaciones y sus inversiones.

Para analizar los estados financieros de una empresa, se utilizan diferentes ratios financieros, como la liquidez, la rentabilidad y el endeudamiento.

La liquidez se refiere a la capacidad de una empresa para pagar sus deudas a corto plazo. Se utilizan diferentes ratios de liquidez, como el ratio de liquidez corriente y el ratio de prueba ácida.

La rentabilidad se refiere a la capacidad de una empresa para generar beneficios a partir de sus operaciones. Se utilizan diferentes ratios de rentabilidad, como el retorno sobre el patrimonio, el retorno sobre los activos y el margen de beneficio.

El endeudamiento se refiere al nivel de deuda de una empresa en relación con sus activos y su patrimonio. Se utilizan diferentes ratios de endeudamiento, como el ratio de endeudamiento y el ratio de cobertura de intereses.

Es importante destacar que los ratios financieros no deben evaluarse de forma aislada, sino que deben analizarse en conjunto y en relación con los objetivos y la situación financiera de la empresa.

Análisis de rentabilidad

El análisis de rentabilidad se refiere a la evaluación de la rentabilidad de un proyecto o una inversión. En este tipo de análisis, se utilizan diferentes técnicas, como el valor presente neto (VPN), la tasa interna de retorno (TIR) y el período de recuperación.

El valor presente neto es una técnica utilizada para evaluar la rentabilidad de una inversión a lo largo del tiempo. El VPN se calcula restando el costo de la inversión de los flujos de efectivo futuros descontados a una tasa de descuento adecuada. Si el VPN es positivo, la inversión es rentable.

La tasa interna de retorno es otra técnica utilizada para evaluar la rentabilidad de una inversión. La TIR es la tasa de descuento a la cual el VPN es igual a cero. Si la TIR es mayor que la tasa de descuento requerida, la inversión es rentable.

El período de recuperación se refiere al tiempo necesario para recuperar la inversión inicial. Se calcula dividiendo el costo de la inversión por el flujo de efectivo anual esperado. Si el período de recuperación es inferior al tiempo previsto para el proyecto, la inversión es rentable.

Es importante destacar que el análisis de rentabilidad debe considerar no solo los flujos de efectivo esperados, sino también los riesgos asociados a la inversión, como la incertidumbre en los ingresos y los costos, y los cambios en las condiciones del mercado.

Aplicación en la ingeniería industrial

El análisis financiero y de rentabilidad es una herramienta fundamental en la ingeniería industrial, ya que permite evaluar la viabilidad y la rentabilidad de los proyectos, así como tomar decisiones estratégicas y tácticas en una empresa.

En la ingeniería industrial, el análisis financiero y de rentabilidad se aplica en diferentes áreas, como la evaluación de proyectos de inversión, la gestión de costos y la toma de decisiones financieras.

En la evaluación de proyectos de inversión, el análisis de rentabilidad se utiliza para evaluar la viabilidad de los proyectos y determinar si son rentables o no. Además, el análisis financiero se utiliza para identificar los costos y los ingresos asociados a los proyectos y evaluar la sensibilidad de los resultados a diferentes supuestos.

En la gestión de costos, el análisis financiero se utiliza para identificar los costos fijos y variables de una empresa y evaluar la rentabilidad de sus productos y servicios. Además, se utilizan diferentes técnicas, como el análisis de costos-volumen-beneficio, para evaluar el impacto de los cambios en los costos y los precios en la rentabilidad de la empresa.

En la toma de decisiones financieras, el análisis financiero y de rentabilidad se utiliza para evaluar diferentes opciones y determinar la opción más rentable. Por ejemplo, se pueden evaluar diferentes opciones de financiamiento, como la emisión de bonos o la obtención de préstamos bancarios, y determinar cuál es la opción más rentable para la empresa en términos de costos y riesgos.

Además, el análisis financiero y de rentabilidad también se utiliza en la evaluación de la eficiencia y la efectividad de las operaciones de la empresa. Por ejemplo, se pueden evaluar diferentes opciones de producción, como la externalización de ciertas operaciones o la automatización de procesos, y determinar cuál es la opción más rentable en términos de costos y productividad.

En resumen, el análisis financiero y de rentabilidad es una herramienta fundamental en la ingeniería industrial, ya que permite evaluar la viabilidad y la rentabilidad de los proyectos, así como tomar decisiones estratégicas y tácticas en una empresa. La aplicación de técnicas de análisis financiero y de rentabilidad permite a las empresas tomar decisiones informadas y minimizar los riesgos asociados a sus operaciones y proyectos.

ASPECTOS LEGALES Y REGULACIONES EN LA INDUSTRIA

La industria es uno de los principales motores económicos de cualquier país. Sin embargo, la producción de bienes y servicios no se puede realizar sin cumplir una serie de normativas y regulaciones establecidas por las autoridades gubernamentales y los organismos reguladores correspondientes. En este capítulo, se analizarán los aspectos legales y las regulaciones aplicables a la industria, con el fin de comprender mejor el marco jurídico y normativo que regula este sector.

Marco legal

El marco legal que regula la industria varía de país en país y de acuerdo con las distintas legislaciones. Sin embargo, hay ciertos aspectos generales que son comunes en la mayoría de los países. Uno de los aspectos legales más importantes es la propiedad intelectual. Esto incluye las patentes, las marcas registradas, los derechos de autor, los diseños y los modelos industriales. Las empresas que operan en la industria deben respetar las leyes de propiedad intelectual, ya que esto protege su propiedad y les permite competir de manera justa en el mercado.

Otro aspecto importante del marco legal es la protección del medio ambiente. Las empresas deben cumplir con las leyes ambientales, que establecen las normas y regulaciones para la producción y el manejo de residuos, la emisión de gases y la contaminación del agua. Las empresas que no cumplan con estas regulaciones pueden enfrentar multas y sanciones, así como también pueden ser objeto de demandas civiles.

Regulaciones de seguridad

La seguridad en el lugar de trabajo es un aspecto crítico en la industria. La seguridad y la salud de los trabajadores deben ser protegidas por ley, y las empresas deben cumplir con las regulaciones de seguridad en el lugar de trabajo. Esto incluye la implementación de programas de seguridad, la capacitación de los trabajadores en seguridad y el mantenimiento de equipos y maquinarias en condiciones seguras.

Además, las empresas también deben cumplir con las regulaciones de seguridad en cuanto al transporte y la manipulación de materiales peligrosos. Esto incluye el transporte de productos químicos peligrosos, la manipulación de materiales explosivos y la eliminación de residuos tóxicos. Las empresas que no cumplan con estas regulaciones pueden enfrentar sanciones penales y civiles.

Regulaciones de empleo

Las empresas que operan en la industria también deben cumplir con las leyes laborales y de empleo. Esto incluye el pago de salarios justos, la protección de los derechos de los trabajadores y el cumplimiento de las regulaciones de seguridad y salud en el lugar de trabajo. Las empresas también deben cumplir con las leyes de discriminación y acoso en el lugar de trabajo.

Además, las empresas deben cumplir con las regulaciones de empleo en cuanto a la contratación y el despido de trabajadores. Esto incluye el cumplimiento de las regulaciones de trabajo infantil y la protección de los derechos de los trabajadores migrantes.

Regulaciones de comercio

Las empresas que operan en la industria también deben cumplir con las regulaciones de comercio y las leyes antimonopolio. Las leyes de comercio establecen las reglas para el comercio internacional, incluyendo las normas y regulaciones para la importación y exportación de bienes. Las empresas también deben cumplir con las leyes antimonopolio, que buscan prevenir la formación de monopolios y promover la competencia justa en el mercado. Las empresas que no cumplan con estas regulaciones pueden enfrentar sanciones y multas.

Regulaciones de calidad

La calidad de los productos y servicios es otro aspecto importante en la industria. Las empresas deben cumplir con las regulaciones de calidad establecidas por las autoridades gubernamentales y los organismos reguladores correspondientes. Esto incluye las regulaciones de seguridad alimentaria, que establecen las normas y regulaciones para la producción y el manejo de alimentos y bebidas. Las empresas también deben cumplir con las regulaciones de calidad en cuanto a la producción y el suministro de productos farmacéuticos y dispositivos médicos.

Regulaciones fiscales

Las empresas que operan en la industria también deben cumplir con las leyes fiscales y tributarias. Esto incluye el pago de impuestos, tasas y aranceles, así como también el cumplimiento de las regulaciones de contabilidad y auditoría. Las empresas deben presentar informes financieros precisos y transparentes, y cumplir con las regulaciones de contabilidad establecidas por las autoridades gubernamentales.

Regulaciones de propiedad y zonificación

Las empresas que operan en la industria también deben cumplir con las regulaciones de propiedad y zonificación. Las leyes de propiedad establecen las reglas para la propiedad y el uso de la tierra y los edificios. Las empresas deben cumplir con las regulaciones de zonificación, que establecen las normas y regulaciones para el uso de la tierra y la construcción de edificios. Las empresas deben obtener los permisos necesarios antes de construir o modificar un edificio, y cumplir con las regulaciones de construcción y seguridad.

Conclusión

En resumen, la industria está sujeta a una amplia gama de regulaciones y leyes que buscan proteger a los trabajadores, el medio ambiente y el público en general, y promover la competencia justa en el mercado. Las empresas que operan en la industria deben cumplir con estas regulaciones y leyes para poder operar de manera efectiva y responsable. Es importante que las empresas entiendan el marco legal y normativo que rige la industria en su país y se aseguren de cumplir con todas las regulaciones y leyes aplicables. De esta manera, las empresas pueden proteger su propiedad intelectual, mantener a sus trabajadores seguros y saludables, producir productos de alta calidad y contribuir de manera positiva a la economía y a la sociedad en general.

SOSTENIBILIDAD Y RESPONSABILIDAD SOCIAL EN LA INGENIERÍA INDUSTRIAL

La sostenibilidad y la responsabilidad social son dos temas clave en la ingeniería industrial moderna. A medida que los recursos naturales se vuelven cada vez más escasos y la preocupación por el impacto ambiental y social de las actividades humanas aumenta, los ingenieros industriales se enfrentan a la tarea de diseñar y operar sistemas productivos que sean sostenibles y socialmente responsables. En este capítulo, exploraremos los conceptos de sostenibilidad y responsabilidad social en la ingeniería industrial, y discutiremos algunas de las herramientas y estrategias que los ingenieros pueden utilizar para integrar estos conceptos en su trabajo.

Sostenibilidad en la ingeniería industrial

La sostenibilidad se refiere a la capacidad de satisfacer las necesidades presentes sin comprometer la capacidad de las generaciones futuras para satisfacer sus propias necesidades. En la ingeniería industrial, la sostenibilidad implica diseñar y operar sistemas productivos de manera que se utilicen los recursos de manera eficiente y se minimice el impacto ambiental. Esto implica la adopción de prácticas que reduzcan el uso de recursos no renovables, disminuyan las emisiones de gases de efecto invernadero, reduzcan la generación de residuos y promuevan la conservación de la biodiversidad.

Una de las herramientas más importantes que los ingenieros industriales pueden utilizar para mejorar la sostenibilidad de los sistemas productivos es el análisis del ciclo de vida (ACV). El ACV es una metodología que permite evaluar el impacto ambiental de un producto o sistema a lo largo de su ciclo de vida completo, desde la extracción de materias primas hasta su disposición final. Al utilizar el ACV, los ingenieros pueden identificar los puntos críticos en el ciclo de vida de un producto o sistema y tomar medidas para reducir su impacto ambiental.

Otra herramienta importante es el diseño para el medio ambiente (DfE). El DfE implica considerar los impactos ambientales de un producto o sistema desde el diseño inicial, y buscar oportunidades para reducir su impacto ambiental a lo largo de todo el ciclo de vida. Esto puede implicar la utilización de materiales y tecnologías más sostenibles, la reducción del uso de energía y recursos, y la implementación de prácticas de reciclaje y gestión de residuos.

Responsabilidad social en la ingeniería industrial

La responsabilidad social se refiere a la obligación de las empresas y organizaciones de operar de manera ética y responsable con respecto a la sociedad en general. En la ingeniería industrial, la responsabilidad social implica la adopción de prácticas que promuevan la justicia social, la igualdad de oportunidades y el bienestar de la comunidad en general.

Una de las áreas clave de responsabilidad social para los ingenieros industriales es la gestión de la seguridad y la salud en el trabajo. Los ingenieros deben diseñar y operar sistemas productivos que sean seguros y saludables para los trabajadores, y tomar medidas para prevenir accidentes y lesiones en el lugar de trabajo. Esto puede incluir la implementación de medidas de seguridad, como la utilización de equipos de protección personal y la formación en seguridad para los trabajadores.

Otra área clave de responsabilidad social es la gestión de la cadena de suministro. Los ingenieros deben trabajar con proveedores y contratistas para garantizar que sus prácticas sean socialmente responsables y cumplan con los estándares éticos y legales. Esto puede incluir la promoción de prácticas laborales justas, la eliminación del trabajo infantil y forzado, y la adopción de prácticas de gestión ambiental sostenibles.

Además, los ingenieros industriales también deben considerar la responsabilidad social en el diseño de productos y sistemas. Esto implica considerar cómo los productos y sistemas afectarán a los usuarios finales y a la sociedad en general, y buscar oportunidades para mejorar la calidad de vida y la equidad social. Por ejemplo, los ingenieros pueden diseñar productos que sean accesibles para personas con discapacidades o que promuevan la igualdad de género.

Herramientas y estrategias para la sostenibilidad y la responsabilidad social en la ingeniería industrial

Para integrar la sostenibilidad y la responsabilidad social en su trabajo, los ingenieros industriales pueden utilizar una variedad de herramientas y estrategias. Algunas de las herramientas y estrategias más comunes incluyen:

Estándares y normas: Los ingenieros pueden utilizar una variedad de estándares y normas para guiar sus prácticas y garantizar la sostenibilidad y la responsabilidad social en sus proyectos. Algunos ejemplos incluyen ISO 14001 (sistema de gestión ambiental), ISO 45001 (sistema de gestión de la salud y la seguridad en el trabajo) y SA8000 (norma de responsabilidad social).

Certificaciones y etiquetas: Los ingenieros pueden trabajar con certificaciones y etiquetas para demostrar que sus productos y sistemas cumplen con estándares ambientales y sociales. Algunos ejemplos incluyen el certificado LEED (liderazgo en energía y diseño ambiental) para edificios verdes, y las etiquetas de comercio justo para productos fabricados de manera socialmente responsable.

Análisis de impacto social: Los ingenieros pueden utilizar herramientas como el análisis de impacto social para evaluar el impacto de sus proyectos en la sociedad en general. Esto puede implicar la evaluación de impactos positivos, como la creación de empleo o el acceso a servicios básicos, así como la identificación de impactos negativos, como la exclusión social o la pérdida de patrimonio cultural.

Participación y diálogo con las partes interesadas: Los ingenieros pueden involucrar a las partes interesadas, como la comunidad local, los trabajadores y los grupos de interés, en el diseño y la implementación de proyectos. Esto puede ayudar a garantizar que los proyectos sean socialmente responsables y que satisfagan las necesidades y preocupaciones de todas las partes interesadas.

Innovación y tecnología: Los ingenieros pueden utilizar la innovación y la tecnología para desarrollar soluciones sostenibles y socialmente responsables. Esto puede implicar el uso de tecnologías limpias y renovables, la implementación de procesos más eficientes y la exploración de nuevas formas de diseño y producción.

Conclusión

La sostenibilidad y la responsabilidad social son dos temas críticos para la ingeniería industrial moderna. A medida que el mundo enfrenta desafíos ambientales y sociales cada vez mayores, los ingenieros industriales tienen la responsabilidad de diseñar y operar sistemas productivos que sean sostenibles y socialmente responsables. Esto implica considerar no solo la eficiencia y la rentabilidad económica, sino también el impacto de sus prácticas en las personas y el planeta.

Los ingenieros industriales tienen una amplia variedad de herramientas y estrategias a su disposición para integrar la sostenibilidad y la responsabilidad social en su trabajo. Estas herramientas y estrategias incluyen estándares y normas, certificaciones y etiquetas, análisis de impacto social, participación y diálogo con las partes interesadas, y la innovación y la tecnología.

Es importante que los ingenieros industriales trabajen en colaboración con otros profesionales y partes interesadas para garantizar que sus prácticas sean verdaderamente sostenibles y socialmente responsables. Esto puede implicar la colaboración con científicos ambientales, expertos en salud y seguridad laboral, representantes de la comunidad local y otros grupos de interés.

La sostenibilidad y la responsabilidad social en la ingeniería industrial son temas complejos y en constante evolución. Los ingenieros industriales deben mantenerse informados sobre los últimos avances en estas áreas y estar dispuestos a adaptar sus prácticas en consecuencia. A través de un enfoque colaborativo y centrado en la sostenibilidad y la responsabilidad social, los ingenieros industriales pueden desempeñar un papel crucial en la construcción de un mundo más justo y sostenible.

TENDENCIAS Y PERSPECTIVAS FUTURAS EN LA INDUSTRIA

En la actualidad, la industria se encuentra en un constante cambio debido a diversos factores como la innovación tecnológica, la globalización, la transformación digital, la sostenibilidad y la economía circular, entre otros. Estas tendencias están impactando en la forma en que las empresas operan y en la manera en que se relacionan con sus clientes y con el entorno. En este capítulo, se analizarán estas tendencias y se explorarán las perspectivas futuras de la industria.

Innovación tecnológica

La innovación tecnológica es una de las principales tendencias que están transformando la industria. La digitalización de procesos y la automatización de tareas están mejorando la eficiencia y la productividad de las empresas. Además, la implementación de tecnologías como la inteligencia artificial, el internet de las cosas, la realidad virtual y aumentada, y la robótica están generando nuevas oportunidades de negocio y mejorando la experiencia de los clientes.

Un ejemplo de cómo la innovación tecnológica está impactando en la industria es el caso de la industria automotriz. La incorporación de tecnologías como la conducción autónoma y la conectividad están transformando la forma en que las personas utilizan los vehículos y cómo interactúan con ellos.

Globalización

La globalización es otra tendencia que está transformando la industria. La apertura de mercados y la internacionalización de las empresas están generando nuevas oportunidades de negocio y permitiendo el acceso a nuevos clientes y proveedores. Sin embargo, la globalización también plantea desafíos como la competencia global y la necesidad de adaptarse a diferentes culturas y normativas.

La globalización ha permitido a empresas de diversos sectores establecerse en diferentes países y expandir su presencia en el mercado mundial. Un ejemplo de esto es el caso de las empresas tecnológicas, que han logrado establecer su presencia en diferentes países y regiones gracias a la globalización y la conectividad.

Transformación digital

La transformación digital es otra tendencia que está impactando en la industria. La digitalización de procesos y la implementación de tecnologías como el big data, la inteligencia artificial y la nube están permitiendo a las empresas mejorar la eficiencia y la productividad, así como ofrecer nuevos servicios y productos digitales.

La transformación digital también está permitiendo a las empresas mejorar la experiencia de los clientes, gracias a la implementación de soluciones digitales que permiten una comunicación más eficiente y una interacción más personalizada. Un ejemplo de esto es el caso de las empresas de comercio electrónico, que han logrado mejorar la experiencia de los clientes gracias a la implementación de soluciones digitales que permiten una experiencia de compra más personalizada y eficiente.

Sostenibilidad y economía circular

La sostenibilidad y la economía circular son tendencias cada vez más importantes en la industria. La sostenibilidad implica la necesidad de reducir el impacto ambiental de las empresas y de sus productos, mientras que la economía circular busca reducir el desperdicio y el uso de recursos mediante la reutilización y el reciclaje de materiales.

La sostenibilidad y la economía circular están transformando la forma en que las empresas operan y en la manera en que se relacionan con el entorno. Un ejemplo de esto es el caso de las empresas de moda, que están implementando estrategias de sostenibilidad y economía circular en toda la cadena de suministro, desde la producción hasta la venta y el reciclaje de productos. Esto implica la utilización de materiales sostenibles, la reducción de residuos y la implementación de procesos de reciclaje y reutilización.

Perspectivas futuras de la industria

En cuanto a las perspectivas futuras de la industria, se espera que las tendencias mencionadas anteriormente continúen transformando el sector en los próximos años. A continuación, se analizarán algunas de las perspectivas futuras más relevantes.

Inteligencia artificial y automatización

La inteligencia artificial y la automatización son dos tendencias que seguirán transformando la industria en el futuro. Se espera que la implementación de estas tecnologías continúe mejorando la eficiencia y la productividad de las empresas, así como permitir la creación de nuevos productos y servicios.

Además, la inteligencia artificial y la automatización también tienen el potencial de generar nuevos empleos y mejorar las condiciones laborales, al permitir a los trabajadores centrarse en tareas más complejas y creativas.

Economía circular y sostenibilidad

La economía circular y la sostenibilidad seguirán siendo tendencias clave en la industria en el futuro. Se espera que las empresas continúen adoptando prácticas sostenibles y estrategias de economía circular, y que cada vez más consumidores demanden productos y servicios sostenibles.

La implementación de estrategias de economía circular y sostenibilidad también puede ser una oportunidad para las empresas de diferenciarse de la competencia y mejorar su reputación corporativa.

Tecnologías emergentes

Las tecnologías emergentes como la realidad virtual y aumentada, la blockchain y la computación cuántica también tendrán un impacto en la industria en el futuro. Se espera que estas tecnologías permitan la creación de nuevos productos y servicios y mejoren la experiencia de los clientes.

Además, la implementación de estas tecnologías puede ser una oportunidad para las empresas de innovar y diferenciarse de la competencia.

Transformación digital

La transformación digital seguirá siendo una tendencia relevante en la industria en el futuro. Se espera que las empresas continúen digitalizando procesos y adoptando nuevas tecnologías para mejorar la eficiencia y la productividad.

Además, la transformación digital también puede ser una oportunidad para las empresas de adaptarse a los cambios en las preferencias de los consumidores y mejorar la experiencia del cliente.

Conclusiones

En conclusión, la industria se encuentra en un constante cambio debido a diversas tendencias como la innovación tecnológica, la globalización, la transformación digital, la sostenibilidad y la economía circular. Estas tendencias están transformando la forma en que las empresas operan y en la manera en que se relacionan con sus clientes y con el entorno.

En el futuro, se espera que estas tendencias continúen transformando la industria y que surjan nuevas tendencias como la inteligencia artificial y la automatización, la economía circular y sostenibilidad, las tecnologías emergentes y la transformación digital.

Por lo tanto, es importante que las empresas estén preparadas para adaptarse a estos cambios y aprovechar las oportunidades que surjan. Aquellas que logren adaptarse y adoptar prácticas sostenibles e innovadoras serán las que tengan más éxito en el futuro de la industria.

ACERCA DEL AUTOR

Ingeniero Industrial y de Sistemas

Maestría en Administración con Calidad y Productividad

3 Certificaciones

2 Estudios Técnicos

Más de 20 cursos de capacitación

Ganador del Singapore Cooperation Programme (ITE)

Instructor, ingeniero, creador de contenido y escritor.
Descubre la industria moderna de la mano del ingeniero más polémico.
Taller del inge

I. Laisequilla

Author / Engineer

LIBROS RELACIONADOS

todo sobre Lean Six Sigma

Una guía completa y práctica para aquellos que deseen implementar esta metodología en su organización. Con enfoque detallado en los principios y fundamentos teóricos.

Formatos disponibles: físico, ebook y audiolibro

todo sobre Manufactura Industrial

Un recurso esencial para aquellos que buscan aplicar técnicas avanzadas en manufactura industrial, destacando principios teóricos y estrategias efectivas de optimización de procesos.

Formatos disponibles: físico, ebook y audiolibro

todo sobre Cadena de Suministro

Un recurso esencial para comprender y optimizar la cadena de suministro, abordando desde sus fundamentos hasta tecnologías emergentes como blockchain, inteligencia artificial e IoT, que transforman la industria.

Formatos disponibles: físico, ebook y audiolibro

ENCUENTRA TAMBIÉN

todo sobre Calidad Industrial

FMEA, SPC, MSA, APQP, FMECA, Kaizen, Lean, ISO 9001, ISO 14001, ISO 45001, entre otras. Explicados de manera accesible y fácil de entender.

Formatos disponibles: físico, ebook y audiolibro

todo sobre Métodos Industriales

Lean Manufacturing, Six Sigma, Kaizen, TQM, Business Process Management. Desde los métodos clásicos hasta los más modernos y emergentes.

Formatos disponibles: físico, ebook y audiolibro

www.ingramcontent.com/pod-product-compliance
Lightning Source LLC
Chambersburg PA
CBHW070610220526
45467CB00003B/1365